普通高等教育"十二五"规划教材（高职高专教育）

交换与路由技术实用教程
（第二版）

主　编　谭方勇
编　写　顾才东　方立刚　秦云涛

中国电力出版社
CHINA ELECTRIC POWER PRESS

内 容 提 要

本书为普通高等教育"十二五"规划教材（高职高专教育）。本书以任务驱动的项目案例教学为基本编写思路，结合实际的应用场景设计教学案例，具有较强的真实性和可操作性。全书共涉及12个案例任务，分别是网络互连设备的认知；利用模拟软件搭建实验环境；路由器基本配置；静态路由配置；动态路由配置；广域网链路配置；网络安全访问控制；网络地址转换配置；交换机基本配置；VLAN配置；冗余链路配置及负载均衡；网络规划设计案例。每个案例都设置了案例应用场景分析、案例拓扑图、配置步骤、调试验证及要点分析等环节。

本书可作为高职高专院校、成人高校和本科院校举办的二级职业技术学院、民办高校计算机及相关专业的教材，也可作为各单位网络管理员、网络工程技术人员及广大网络爱好者的培训教材或自学参考书。

图书在版编目（CIP）数据

交换与路由技术实用教程 / 谭方勇主编. —2版. —北京：中国电力出版社，2013.7（2019.8重印）
普通高等教育"十二五"规划教材. 高职高专教育
ISBN 978-7-5123-4513-3

Ⅰ. ①交… Ⅱ. ①谭… Ⅲ. ①计算机网络－信息交换机－高等职业教育－教材 ②计算机网络－路由选择－高等职业教育－教材 Ⅳ. ①TN915.05

中国版本图书馆CIP数据核字（2013）第116801号

中国电力出版社出版、发行
（北京市东城区北京站西街19号　100005　http://www.cepp.sgcc.com.cn）
北京九天鸿程印刷有限责任公司
各地新华书店经售

*

2008年7月第一版
2013年7月第二版　2019年8月北京第六次印刷
787毫米×1092毫米　16开本　13.5印张　322千字
定价 **40.00元**

版 权 专 有　侵 权 必 究

本书如有印装质量问题，我社营销中心负责退换

前 言

交换机和路由器的配置、管理和维护是网络工程师和网络管理技术人员在网络建设和网络管理与维护过程中必不可少的技能之一。本教材主要是让计算机网络专业的学生通过各种任务式案例学习来掌握当前计算机网络组建中最常见的交换与路由技术的知识与技能,从而系统地掌握计算机网络的基本原理,并为今后从事网络管理和网络工程等相关岗位的工作奠定基础。

本教材对第一版的内容进行了较大的修改,重新设计了内容体系结构和项目案例。全书共分为12个项目任务,分别是网络互连设备的认知、利用模拟软件搭建实验环境、路由器基本配置、静态路由配置、动态路由配置、广域网链路配置、网络安全访问控制、网络地址转换配置、交换机基本配置、VLAN配置、冗余链路配置及负载均衡、网络规划设计案例。任务分为认知型和实践型两种,认知型任务主要让学习者能够对实施项目案例时所必需的知识进行理解和掌握;实践型的任务主要根据实际的项目案例来培养学习者的实际操作技能。每个实践型项目都有案例应用场景分析、案例拓扑图、配置步骤、调试验证和要点分析等环节。

本教材以任务驱动的项目案例教学为基本的编写思路,结合实际的应用场景设计教学案例,重点突出在实际情境下的网络配置能力的培养。具体特色体现在以下几个方面:

(1) 本教材的内容体系架构为以知识基础维、技术基础维和综合能力维螺旋式上升的三维课程整合模式。

(2) 注重理论与实践相结合,以任务驱动的案例形式让读者掌握每一个知识点的应用,并提高实际的操作技能。

(3) 教材内容具有系统性、先进性,项目案例具有可操作性、实用性。

(4) 教材的最后综合案例是按照实际典型的工程案例进行编写,内容设计上融合了教材每一部分的知识和技能,这对提高学生的综合应用能力具有较大的帮助。

本教材由苏州市职业大学的谭方勇主编,顾才东、方立刚、秦云涛编写。谭方勇确定了本教材的改编思路,重新策划了教材的大纲,完成了大部分的编写工作和最后统稿。本书在编写过程中得到了邹旋(CCIE)的技术性指导和帮助,在此表示感谢。

限于编者水平,书中错漏之处在所难免。诚挚地希望广大专家级读者批评指正。编者E-mail地址:tanfy@126.com。

编 者
2013年6月

第一版前言

本书内容主要包括局域网和广域网配置、交换机和路由器的示例、交换机和路由器 IOS 系统、交换机 VLAN 配置、生成树协议与端口安全、路由器的路由配置、访问控制列表与 NAT 配置、网络模拟软件 Boson NetSim 和 Boson Network Designer 的使用、网络工程案例规划设计与配置等内容。

本书将理论与实践相结合，注重动手能力、创新能力以及实际企业网络管理能力的训练；力求重点突出、言简意赅。主要围绕知识和技能的结合，循序渐进地培养学生的综合应用能力。

本书可以作为高职高专院校计算机相关专业教材，也可以作为计算机网络管理员、工程技术人员的培训教程，还可以作为网络认证考试的参考资料。

作者根据多年从事网络工程建设、网络设备管理教学、科研工作的实践经验编写了此书，在编写的过程中，力求使本书具有以下特点：

1. 灵活

本书配有专用网站，提供相应的教辅课件、习题以及重点难点动画演示，向学生提供尽可能灵活、新颖直接的教学方式和学习途径，培养学生对网络设备使用和管理的实践能力。

2. 特色

（1）信息交流。借助配套网站，可以与我们建立起共同学习和交流的平台，进一步了解感兴趣的内容——浏览视频。参加网络工程师认证咨询、培训和考试，了解相关知识和发展动态。

（2）实际案例。通过制作各种网络工程大小案例，由简单到综合、使学生将理论与实践相结合，将所学知识和技能与实际网络工程相联系，更具实战性。

（3）关于本书。将教材与实验、实训、案例、习题以及网络工程师认证内容相结合，形成一个系统配套的整体，既可以学习理论、又可以熟悉实践，并能熟悉网络工程师认证考试，以备考证。

（4）补充材料。提供教学大纲、课件和辅助教学资料，提示教师如何有效地组织教学。

本书由苏州市职业大学的谭方勇、顾才东担任主编，对本书的编写思路与大纲进行了总体策划，指导全书的编写工作；秦云涛、方立刚担任副主编。谭方勇编写第 3~5 章及附录、顾才东编写第 8~10 章，秦云涛编写第 6、7 章，方立刚编写第 1、2 章。

由于时间仓促，书中难免存在不妥之处，敬请读者原谅，并提出宝贵意见。作者 E-mail 地址：tanfy@126.com。

作　者
2008 年 4 月

目　　录

前言
第一版前言

任务 1　网络互连设备的认知 ··· 1
　1.1　交换机设备的认知 ··· 1
　1.2　路由器设备的认知 ··· 6
　习题 ·· 9
任务 2　利用模拟软件搭建实验环境 ·· 10
　2.1　实验模拟软件的认知 ·· 10
　2.2　Cisco Packet Tracer 模拟软件 ·· 11
　2.3　GNS3 模拟软件应用 ·· 17
　习题 ·· 34
任务 3　路由器基本配置 ··· 35
　3.1　IOS 的认知 ·· 35
　3.2　路由器初始化配置案例 ··· 38
　3.3　路由器基本配置操作案例 ·· 41
　3.4　配置文件及 IOS 的备份案例 ·· 43
　3.5　密码恢复及 IOS 恢复案例 ··· 45
　3.6　CDP 配置案例 ·· 47
　习题 ·· 49
任务 4　静态路由配置 ·· 50
　4.1　路由的认知 ·· 50
　4.2　静态路由配置案例 ··· 52
　4.3　默认路由配置案例 ··· 55
　习题 ·· 56
任务 5　动态路由配置 ·· 57
　5.1　动态路由的认知 ·· 57
　5.2　RIP 路由协议配置案例 ··· 63
　5.3　EIGRP 路由协议配置案例 ··· 70
　5.4　OSPF 路由协议配置案例 ·· 74
　习题 ·· 81
任务 6　广域网链路配置 ··· 82
　6.1　广域网技术基本认知 ·· 82

  6.2 PPP 链路配置案例 ·············89
  6.3 Frame Relay 链路配置案例（1）·············94
  6.4 Frame Relay 链路配置案例（2）·············99
  习题·············104

任务 7 网络安全访问控制·············105
  7.1 访问控制技术认知·············105
  7.2 标准 ACL 案例·············109
  7.3 扩展 ACL 案例·············112
  7.4 基于命名的 ACL 案例·············115
  7.5 基于时间的 ACL 案例·············119
  习题·············122

任务 8 网络地址转换配置·············123
  8.1 网络地址转换技术的认知·············123
  8.2 静态 NAT 配置·············126
  8.3 动态 NAT 配置·············129
  8.4 NAPT 配置·············130
  习题·············132

任务 9 交换机基本配置·············133
  9.1 交换机基本配置案例·············133
  9.2 交换机接口安全配置案例·············136
  9.3 交换机的密码恢复案例·············138
  9.4 交换机 IOS 的恢复与升级案例·············140
  习题·············142

任务 10 VLAN 配置·············143
  10.1 VLAN 的认知·············143
  10.2 单交换机 VLAN 的划分案例·············145
  10.3 跨交换机 VLAN 的通信案例·············147
  10.4 VLAN 间的通信案例·············151
  10.5 利用 VTP 协议划分 VLAN 案例·············156
  习题·············159

任务 11 冗余链路配置及负载均衡·············161
  11.1 冗余链路的认知·············161
  11.2 生成树的基本配置案例·············166
  11.3 RSTP 快速生成树配置案例·············169
  11.4 MSTP 多生成树配置案例·············170
  11.5 Etherchannel 以太网通道配置·············173
  习题·············175

任务 12 网络规划设计案例 ·· 177
   12.1 ×××企业网络设计方案 ·· 177
   12.2 典型企业网络实训案例 ·· 194

参考文献 ·· 205

任务 1　网络互连设备的认知

网络互连是指利用相应的技术和设备将多个网络或设备连接起来,以达到更大范围的数据传输和资源共享目的。互连的网络可以是同类型网络,也可以是不同类型网络,或是运行不同协议的设备和系统。网络互连有两方面的内容:①将多个独立的、小范围的网络连接起来构成一个较大范围的网络;②将一个节点多、负载重的大网络分解成若干个小网络,再利用互连技术把这些小网络连接起来。

网络互连中常用的设备有中继器、集线器、网桥、交换机、路由器及网关等。本任务我们主要来认知当前两种最主流的网络互连设备,即交换机和路由器。

1.1　交换机设备的认知

交换机(Switch)是一种在网络通信系统中完成信息交换功能的设备。它是当前各类局域网建设的主流设备之一,对局域网性能的提升起到了重要的作用。

1.1.1　交换机的基本概念

所谓交换(Switching),即按照通信双方传输信息的需要,使用手动完成或设备自动完成的方法,把需要传输的信息传输到符合要求的相应路由上的技术统称。广义的交换机(Switch)就是一种在通信系统中完成信息交换功能的设备。

在局域网络系统中,交换机的诞生改变了其原来采用集线器(HUB)时的共享工作模式特征。集线器是一种共享设备,它工作在物理层,当同一网段内的某台主机要传输数据给另一台主机时,数据以广播方式进行传输。因此,在这种方式下,同一个时刻,局域网上只能有一对主机进行通信。如果发生冲突,还需要重新检测信道是否空闲,然后才能再次发送。所有主机都共享局域网的带宽,所以网络传输的效率较低。

交换机改变了共享的工作模式,它内部设计了一条高速带宽的背板总线和内容交换矩阵。所有的接口都挂接在这条背板总线上,当控制电路收到数据包后,负责处理的接口会查找交换机内存中的 MAC 地址映射表,并确定数据包中的目的 MAC 地址挂接在哪个接口上,然后通过内部交换矩阵快速将数据包传送到目的接口。如果目的 MAC 地址不在 MAC 地址映射表中,则交换机会将其广播到所有接口上。接收的接口会"学习"该地址,并将其添加到 MAC 地址映射表中。因此,交换机的这种工作方式极大地提高了局域网的工作效率,它可以允许若干对通信同时进行。

1.1.2　交换机的工作原理

交换机在本质上和网桥一样。网桥传统上是基于软件的,通过执行代码完成过滤和学习的过程。而交换机将这些功能移植到了硬件上,而且功能比网桥更加强大,处理能力更强。二层交换技术发展比较成熟,二层交换机属于数据链路层设备,可以识别数据包中的 MAC 地址信息,根据 MAC 地址进行转发,并将这些 MAC 地址与对应的端口记录在自己内部的一个 MAC 地址映射表中。具体的工作流程如下。

（1）当交换机从某个端口收到一个数据包，它先读取包头中的源 MAC 地址，这样它就知道源 MAC 地址的计算机是连在哪个端口上的。

（2）再去读取包头中的目的 MAC 地址，并在地址表中查找相应的端口。

（3）如表中有与这目的 MAC 地址对应的端口，把数据包直接复制到这端口上。

（4）如表中找不到相应的端口，则把数据包广播到所有端口上。当目的计算机对源计算机回应时，交换机又可以学习目的 MAC 地址与哪个端口对应，在下次传送数据时就不再需要对所有端口进行广播了。

不断地循环这个过程，对于全网的 MAC 地址信息都可以学习到，二层交换机就是这样建立和维护它自己的地址表。如图 1-1 所示，交换机通过不断地循环学习过程完善 MAC 地址映射表。

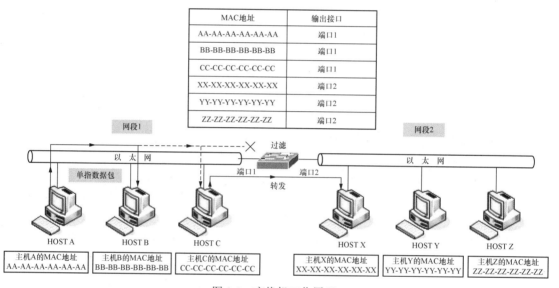

图 1-1 交换机工作原理

1.1.3 交换机的主要分类

1. 按照覆盖范围分类

按照网络的覆盖范围，交换机可以分为以下两类。

（1）局域网交换机：应用于局域网的交换机，用于连接服务器、工作站、交换机、路由器、防火墙等设备来提供高速独立的通信信道。

（2）广域网交换机：主要用于电信城域网互连、互联网接入等领域的广域网络中。

2. 按照传输介质与传输速率分类

按照传输介质与传输速率分，交换机可以分为以下几类。

（1）以太网、快速以太网、千兆位以太网及万兆位以太网交换机。其传输介质主要有同轴电缆、双绞线、光纤。同轴电缆一般用于以太网中，双绞线和光纤则主要用于快速以太网和千兆位以太网中，而万兆位以太网则主要是用光纤作为传输介质。

（2）ATM 交换机。它是 ATM 网络中的交换机产品，主要使用在电信网等的主干网段中。ATM 交换机的传输速率一般在 150Mb/s 左右。

（3）FDDI 交换机。FDDI 交换机使用光纤作为传输介质，传输速率为 100Mb/s，主要为解决以前 10Mb/s 以太网和 16Mb/s 令牌环的速度局限问题而设计的。

3. 按照交换机工作的协议层分类

按照交换机工作的协议层次分，交换机可以分为以下几类。

(1) 第二层交换机。即工作在 OSI 模型的第二层（数据链路层）的交换机，它依赖于数据链路层中的 MAC 地址等信息来完成不同端口数据间的线速交换，主要功能包括物理编址、错误校验、帧序列及数据流控制等。

(2) 第三层交换机。即工作在 OSI 模型的第三层（网络层）的交换机。它具有路由的功能，能实现不同网段间数据的线速交换。

(3) 第四层交换机。即工作在 OSI 模型的第四层（传输层）的交换机。它可以支持 HTTP、FTP、TELNET 和 SSL 等诸多协议。

4. 按照交换机是否支持网管分类

按照交换机是否支持网络管理功能分，它可以分为以下两类。

(1) 网管型交换机。这类交换机可以通过其本身具备 Console 控制口进行登录管理，还有的网管型交换机还支持 Web 及远程登录 Telnet 方式。网管型交换机需要支持 SNMP。

(2) 非网管型交换机。这类交换机只能用作网络连接，而不能像网管型交换机一样被管理。

5. 按照交换机在分层网络中的位置分类

按照交换机在分层网络中的位置分，它可以分为以下三类。

(1) 核心层交换机。核心层交换机一般都处于整个网络的核心部位或主干，也可以说它是交换机的网关。核心层交换机需要具备很高的冗余能力和数据转发能力，而转发速率很大程度上要取决于网络中的设备数量。通过执行和查看各种流量报告和用户群分析确定所需要的转发速率。核心层交换机一般需要三层以上的千兆位或万兆位交换机，并需要具有极高的转发速率，支持冗余、链路聚合及服务质量（QoS）等。

(2) 汇聚层交换机。所谓汇聚层，是指它是若干个接入层交换机的汇聚点，并必须能够处理来自接入层设备的所有通信量，然后将这些通信量提供到核心层的上行链路。因此，对汇聚层交换机的带宽及性能要求也较高，它一般需要具备路由、访问控制、重分配路由协议、VLAN 之间路由、定义组播域和广播域等功能。

(3) 接入层交换机。通常将网络中直接面向用户连接或访问网络的部分称为接入层。一般情况下，用户可以通过接入层交换机连接到网络，所以，接入层交换机具有低成本、高端口密度等特性。

1.1.4　Cisco 交换机的认知

目前市场上主要用于中大规模企业的交换机品牌主要有思科 Cisco、H3C、锐捷、神马等。这些品牌的交换机都有各种不同的型号和特点。下面我们主要介绍思科 Cisco 交换机的相关信息，以便今后能更合理地去使用它们。

1. Cisco 交换机的命名方式

Cisco 交换机的产品一般以 Catalyst 为商标。它们的命名一般是以 WS 这两个字母作为固定的开头，然后下一个字母有两种选择，其一是 C（代表固化交换机或机箱），其二是 X（代表模块化交换机）。接下来是型号、端口数、端口类型等相关参数。下面列举了 Cisco 交换机的若干个型号及其参数的含义。其中，端口类型的参数含义 如表 1-1 所示。

(1) WS-3750-24TS-S 型号如下。

WS-C	3750	−24	TS	−S
Catalyst 系列	型号	端口数	端口类型	IPS 版镜像

(2) WS-3750V2-48PS-E 型号如下。

WS-C	3750	V2	−48	PS	−E
Catalyst 系列	型号	第二代	端口数	端口类型	IPS 版镜像

(3) WS-3750G-24TS-E1U 型号如下。

WS-C	3750	G	−24	TS	−E	1U
Catalyst 系列	型号	千兆	端口数	端口类型	IPS 版镜像	1U 高度

(4) WS-C-2960-24TC-L 型号如下。

WS-C	2960	−24	TC	−L
Catalyst 系列	型号	端口数	端口类型	LAN Base 版镜像

(5) WS-C-2960-48PST-S 型号如下。

WS-C	2960	-48	PST	−S
Catalyst 系列	型号	端口数	端口类型	LAN Lite 版镜像

表 1-1　　端口类型及其含义

端口类型	含　义	端口类型	含　义
T	表示仅电接口	TT	表示普通口和 UPLink 口都是电接口
P	表示接口是电口，同时支持 POE 以太网供电	TC	表示普通口是电接口，UPLink 口是 BaseT/SFP
S	表示其带的扩展接口为 SFP 多模光模块接口	TS	表示普通口是 BaseT 的，UpLink 口是 SFP 的
D	表示万兆位以太网接口	FS	表示普通口是 100BaseFX 的，UpLink 口是 SFP 的
W	继承无线局域网控制器的接口	PS	表示普通口是 BaseT 的并且全部支持 PoE，UpLink 口是 SFP 的
PC	表示普通口是 BaseT 的且全部支持 POE（24 口），UPLink 口是 BaseT/SFP	LC	表示普通口是 BaseT 的且全部支持 POE（4 口），UPLink 口是 BaseT/SFP

2. Cisco 交换机产品系列

Cisco 交换机有以下几个主要系列：1900 系列、2900 系列、2950 系列、2960 系列、3500 系列、3550 系列、3560 系列、3750 系列、4000 系列、4500 系列、4900 系列、6000 系列、6500 系列、7600 系列等。

目前，思科智能局域网交换机主流的产品系列有以下几种。

（1）Cisco 精睿系列交换机，如图 1-2 所示。这是针对 SMB 中小型企业市场的固定端口二层交换机。这个系列的交换机的特点是低密度、独立、可管理的 10/100Mb/s 带宽交换、支持 POE，它是为用户数不超

图 1-2　精睿系列交换机

过 250 名的企业而定制的。

（2）Catalyst 2960 系列交换机，如图 1-3 所示。这个系列的交换机属于固定端口二层交换机。它具有高性能无阻塞 L2 交换、固定端口配置的 10/100/1000Mb/s 带宽、线速 L3/L4 智能服务等特性。

图 1-3　Catalyst 2960 系列交换机

（3）Catalyst 3750/3560 系列交换机，如图 1-4 所示。这个系列的交换机属于固定端口三层交换机。它们具有高性能 L3 交换、中等密度的 10/100/1000Mb/s 带宽、线速 L3/L4 智能服务、高级堆叠选项、POE 以太网供电选项等特性。

（4）Catalyst 4500/4900 系列交换机，如图 1-5 所示。这个系列的交换机属于中端模块化机箱/高密度服务器群交换机。它们具有模块化、可扩展（Cat4500）、高性能 L3 交换、高可用性、高密度 10/100/1000Mb/s 带宽、10GEMb/s 上联带宽、线速 L3/L4 智能服务、集成以太网供电功能等特性。

图 1-4　Catalyst 3750/3560 系列交换机

图 1-5　Catalyst 4500/4900 系列交换机

（5）Catalyst 6500 系列交换机，如图 1-6 所示。这个系列的交换机属于业界领先的模块化多功能网络平台。它们具有高端、模块化、全功能、高可靠性设计、高密度无阻塞 10GE 和 10/100/1000Mb/s 带宽、线速智能服务、集成多种服务模块（安全，IP 语音，内容）等特性。

图 1-6　Catalyst 6500 系列交换机

1.2 路由器设备的认知

路由器（Router）是局域网、广域网中互连的主要设备，也是互连网络的重要枢纽。目前，路由器在各行各业中有着很普遍的应用，它的各种不同档次的设备也正应用于当前各种骨干网络内部连接及骨干网络之间连接中。

1.2.1 路由器的基本概念

所谓路由就是指通过互连的网络把要信息从源节点传输到目的节点的过程。一般情况下，在这个路由过程中，信息至少会经过一个或者多个中间节点。

随着网络规模的扩大，路由器在网络中的作用也越加明显。它是把网络互连起来的一个枢纽，已经广泛应用于各行各业。

路由器是互连网的主要节点设备，它通过路由功能来决定数据往何处转发，一般把这种转发的策略称之为路由选择（routing），路由器（Router）这个名称也由此而得到。路由器系统是基于 TCP/IP 的互连网的核心，它的处理速度也成为网络之间通信的一个瓶颈，它的可靠性也直接影响着网络互连的质量。因此，高性能、高可靠性的路由器也在不断地研究和开发之中。

1.2.2 路由器的工作原理

当 IP 子网中的一台主机发送 IP 分组给同一 IP 子网的另一台主机时，它将直接把 IP 分组送到网络上，对方就能收到。而要送给不同 IP 子网上的主机时，它要选择一个能到达目的子网上的路由器，把 IP 分组送给该路由器，由路由器负责把 IP 分组送到目的地。如果没有找到这样的路由器，主机就把 IP 分组送给一个称为"默认网关（default gateway）"的路由器上。"默认网关"是每台主机上的一个配置参数，它是接在同一个网络上的某个路由器端口的 IP 地址。

路由器转发 IP 分组时，只根据 IP 分组目的 IP 地址的网络号部分，选择合适的端口，把 IP 分组送出去。同主机一样，路由器也要判定端口所接的是否是目的子网，如果是，就直接把分组通过端口送到网络上，否则，也要选择下一个路由器来传送分组。路由器也有它的"默认网关"，用来传送不知道往哪儿送的 IP 分组。这样，通过路由器把知道如何传送的 IP 分组正确转发出去，不知道的 IP 分组送给"默认网关"路由器。这样一级级地传送，IP 分组最终将送到目的地，送不到目的地的 IP 分组则被网络丢弃了。

目前 TCP/IP 网络，全部是通过路由器互连起来的，Internet 就是成千上万个 IP 子网通过路由器互连起来的国际性网络。这种网络称为以路由器为基础的网络（Router Based Network），形成了以路由器为节点的"网间网"。在"网间网"中，路由器不仅负责对 IP 分组的转发，还要负责与别的路由器进行联络，共同确定"网间网"的路由选择和维护路由表。

路由动作包括两项基本内容：寻径和转发。寻径即判定到达目的地的最佳路径，由路由选择算法来实现。由于涉及不同的路由选择协议和路由选择算法，要相对复杂一些。为了判定最佳路径，路由选择算法必须启动并维护包含路由信息的路由表。其中，路由信息依赖于所用的路由选择算法不尽相同。路由选择算法将从收集到的不同信息填入路由表中，根据路由表可将目的网络与下一站（next hop）的关系告诉路由器。路由器间互通信息进行路由更新，更新维护路由表使之正确反映网络的拓扑变化，并由路由器根据量度来决定最佳路径。这就是路由选择协议（routing protocol）。例如，路由信息协议（RIP）、开放式最短路径优先协议（OSPF）和边界网关协议（BGP）等。

转发即按已寻径好的最佳路径传送信息分组。路由器首先在路由表中查找，判明是否知道如何将分组发送到下一个站点（路由器或主机）。如果路由器不知道如何发送分组，通常将该分组丢弃；否则就根据路由表的相应表项将分组发送到下一个站点，如果目的网络直接与路由器相连，路由器就把分组直接送到相应的端口上。这就是路由转发协议（routed protocol）。

路由转发协议和路由选择协议是相互配合又相互独立的概念。前者使用后者维护的路由表，同时后者要利用前者提供的功能来发布路由协议数据分组。下文中提到的路由协议，除非特别说明，都是指路由选择协议，这也是普遍的习惯。

1.2.3 路由器的分类

当前路由器分类方法各异。各种分类方法有一定的关联，但是并不完全一致。

（1）从能力上分，路由器可分高端路由器和中、低端路由器，各厂家划分并不完全一致。通常将背板交换能力大于 40Gb/s 的路由器称为高端路由器，背板交换能力 40Gb/s 以下的路由器称为中低端路由器。以市场占有率最大的 Cisco 公司为例，12000 系列为高端路由器，7500 以下系列路由器为中低端路由器。

（2）从结构上分，路由器可分为模块化结构与非模块化结构。通常中高端路由器为模块化结构，低端路由器为非模块化结构。

（3）从网络位置上分，路由器可分为核心路由器与接入路由器。核心路由器位于网络中心，通常是使用高端路由器。要求快速的包交换能力与高速的网络接口，通常是模块化结构。接入路由器位于网络边缘，通常使用中、低端路由器。要求相对低速的端口及较强的接入控制能力。

（4）从功能上分，路由器可分为通用路由器与专用路由器。一般所说的路由器为通用路由器。专用路由器通常为实现某种特定功能对路由器接口、硬件等作专门优化。例如，接入服务器用作接入拨号用户，增强 PSTN 接口及信令能力；VPN 路由器增强隧道处理能力及硬件加密；宽带接入路由器强调宽带接口数量及种类。

（5）从性能上分，路由器可分为线速路由器和非线速路由器两类。通常线速路由器是高端路由器，能以媒体速率转发数据包；中、低端路由器是非线速路由器。但是一些新的宽带接入路由器也有线速转发能力。

路由器分类方法还有很多，并且随着路由器技术的发展，可能会出现越来越多的分类方法。

1.2.4 路由器的重要组件

路由器的组成主要包括硬件和软件两部分，硬件主要由 CPU、内存、接口、控制端口等硬件组成，软件主要是路由器的 IOS 操作系统。其中，较为重要的组件有内存中的 RAM、NVRAM、FLASH 等存储器及各种类型的接口，这些组件的主要作用如图 1-7 所示。

1.2.5 Cisco 路由器认知

Cisco 路由器有很多不同的系列产品，它们在不同规模的企业及 ISP 运营商中有着广泛的应用。下面介绍 Cisco 路由器的主要产品系列的相关信息。

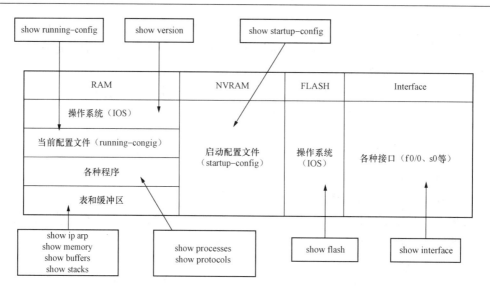

图 1-7　路由器的组件

Cisco 路由器的命名规则一般都以 Cisco 开头，后面跟上系列号和型号，如 Cisco 2621XM。

目前，Cisco 路由器的产品以其性能和产品密度可以分为四个层次，每个层次都有相应的系列产品，如图 1-8 所示。

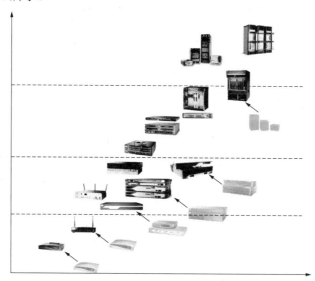

图 1-8　Cisco 路由器产品系列

（1）适用于小型机构的全新 Cisco 800 系列路由器。该系列的路由器可以为小型机构的网络提供宽带服务的功能，同时还可以提供 802.11b/g 无线局域网、防火墙、VLAN 等功能。

（2）适用于中小规模企业的 Cisco1800、Cisco1900、Cisco2800、Cisco2900、Cisco3800 系列路由器。

1）Cisco1800 系列路由器：主要为分支机构和小型机构中的宽带接入、防火墙等服务，该型号路由器集成 ISDN、模拟调制解调器或以太网备用端口，用于提供冗余广域网链路和负载均衡，还支持 802.11a 和 802.1b/g 无线局域网及 802.1q VLAN。代表路由器有 Cisco 1841。

2）Cisco2800 系列路由器：能为中小规模企业和大型企业分支机构提供路由安全、线速地供应数据、语音和视频并发等服务。代表路由器有 Cisco 2801，2811，2821，2851 等路由器。

3）Cisco3800 系列路由器：一个全新的路由器系列，它是下一代路由器中的旗舰平台，集成了先进技术、可适应服务和安全通信等。代表路由器有 Cisco3825 和 Cisco385 路由器。

4）Cisco1900 系列路由器：一款集成多业务的路由器，为分支机构提供媒体协作和虚拟化，同时最大限度地节省运营成本。代表路由器有 Cisco 1921，1941 路由器。

5）Cisco2900 系列路由器。一款第二代集成多业务路由器，支持多核 CPU，以及未来增强视频功能的高容量数字信号处理，具有增强 POE 的千兆位以太网交换产品及新能源监控和控制功能等。代表路由器有 Cisco 2901、Cisco2911、Cisco2921、Cisco2951 路由器。

（3）适用于 ISP 运营商和大型企业的 Cisco7200、Cisco7300、Cisco7600、Cisco10000 系列路由器。

（4）适用于 ISP 运营商核心的 Cisco12000、Cisco CRS-1 系列路由器。

习　　题

理论基础知识：
1. 简述交换机和路由器的工作原理。
2. 路由器有哪些种类？分类的依据是什么？
3. 交换机有哪些主要分类？
4. Cisco 交换机有哪些系列？其型号是如何命名的？
5. Cisco 路由器有哪些系列？其型号是如何命名的？
6. 交换机和路由器由哪些部件构成，它们的作用是什么？
7. FLASH、ROM、NVRAM 这三类存储器的特点分别是什么？分别存储什么内容？

实践操作：
调查 H3C、锐捷网络的产品类型及性能参数。

任务 2 利用模拟软件搭建实验环境

模拟软件可以模拟真实的物理设备，并利用这些虚拟设备来组建所需要的网络。在网络的配置过程中，配置的方法与真实环境基本一致。有些模拟软件还可以利用设备的真实 IOS 来实现，因此真实性将更强。本任务主要完成对常用模拟软件的安装、配置及基本应用。

2.1 实验模拟软件的认知

2.1.1 了解模拟软件的作用

当前，模拟软件技术发展迅速，不仅有很多产商都推出了基于自身设备的模拟软件，还有不少优秀的第三方的模拟软件不断出现。这些虚拟化软件能够模拟真实物理设备，如计算机、路由器、交换机、防火墙、VPN、IDS、IPS 等，并能像真实设备一样对其进行操作。

模拟软件技术在近些年的发展越来越成熟，这使得学习者可以在没有实际物理环境下进行接近真实设备的实验操作或实验。在一些学校的计算机网络课程的相关教学中，它们也起到重要的作用，并主要体现在以下几个方面。

（1）能够模拟技术先进的高端实验设备，既能够让学生熟悉先进设备及其技术，又可以节省实验室建设的经费。

（2）能够灵活、方便地搭建实验环境，特别是对于一些环境要求复杂的综合实验，能够较直观地反映实验环境的拓扑结构。

（3）能够模拟真实的物理设备，配置的环境和配置命令与真实设备基本一致。

（4）能够快速恢复实验环境，在实验结束或实验配置出现故障时，可以快速恢复实验环境。有些虚拟软件还可以设备镜像点，这样可以实现按阶段进行还原。

（5）能够进行真实物理设备上不太允许做的网络安全类实验。因为网络安全类的实验往往具有破坏性，会影响主机操作系统、实验室网络甚至整个校园网的运行，而虚拟的环境则不会存在这个顾虑。

2.1.2 认识常用的交换与路由实验模拟软件

当前，市场上有很多各种类型的模拟软件。例如，有模拟服务器的、模拟交换机和路由器的、模拟防火墙网络安全设备的，也有模拟网络协议运行的。在这里，我们主要对交换机和路由器的模拟软件进行介绍，并针对本书主要采用的两款模拟软件 Cisco Packet Tracer 和 GNS3 进行介绍。

（1）Boson NetSim。这款虚拟软件是由 Boson 公司设计开发的，它主要由两部分组成，即 Boson Network Designer（网络拓扑设计器）和 Boson NetSim（网络仿真模拟）。在计算机网络的实验中，它可以虚拟交换机、路由器、主机等设备，并设计网络拓扑结构。对于一般的局域网环境及较复杂的广域网环境都能较好地实现。该软件的主要优点是运行环境要求较低、实验环境的配置简单。缺点是虚拟实验设备种类较少且版本较低，因此配置的命令与真实设备存在某些不一致的地方。

（2）DynamipsGUI。这是一款主要虚拟 Cisco 路由器的软件，支持 Cisco 各款高、中、低端路由器。它可以在计算机上虚拟路由器硬件环境，并在虚拟路由器中运行真实的 IOS，还可以虚拟主机进行桥接，从而组建基于路由环境的网络实验平台。该软件的优点是使用真实的 IOS 进行实验，不足是配置比较烦琐，且没有直观的界面拓扑。

（3）Cisco Packet Tracer。这是 Cisco 公司设计的产品。它能模拟 Cisco 公司的交换机、路由器、集线器、无线设备、主机等设备，且能够使用这些设备组建网络实验环境。在实验环境中，还可以看到设备的面板和接口的形状，可以为设备添加模块。因此，学习者可以直观地认识这些设备。

（4）GNS3。GNS3（Graphical Network Simulator）是一款优秀的基于图形界面的虚拟软件，它由 WinPCAP、Dynamips 及 Premuwrapper 组成。其中，WinPCAP 主要用于识别发送或接收数据包的 MAC 地址，Dynamips 是 Cisco 的 IOS 模拟器，Premuwraper 可以模拟 PIX、ASA 等防火墙、Linux、Windows 等客户端主机。在虚拟计算机网络实验环境中，该软件的主要优点有以下几点。

1）能够装载真实的设备 IOS，因此，实验的配置与真实物理设备基本一致。

2）使用图形化界面来设计网络拓扑环境，操作简单。

3）支持的设备种类多，如路由器、交换机、防火墙、客户端主机、云等，能模拟较多类型的网络实验。

4）由于其开源的特性，可以运行在不同的环境，如 Windows、Linux 或 Mac OS 等。

它的主要缺点是运行虚拟环境时对平台的性能要求较高。

2.2 Cisco Packet Tracer 模拟软件

Cisco Packet Tracer 是一款简单、易操作的一款实验模拟软件。

2.2.1 Cisco Packet Tracer 的安装

先从网上下载软件的安装程序，本次任务中使用的版本为 Version5.3.2。

双击 .exe 安装文件，打开安装向导对话框，如图 2-1 所示。单击 Next>按钮，进入许可协议对话框，如图 2-2 所示。单击 I accept the agreement 单选按钮，选择接受许可协议内容，然后单击 Next>按钮，进入选择安装路径对话框，如图 2-3 所示。单击 Browse 按钮可以选择程序安装的路径，也可以直接单击 Next>按钮，选择默认安装路径"C:\Program Files\Cisco Packet Tracer 5.3.2"后进入选择开始菜单文件夹对话框，如图 2-4 所示。在此，采用默认的开始菜单名"Cisco Packet Tracer"，单击 Next>按钮，进入选择附加任务对话框，如图 2-5 所示。在此可以选择是否在桌面和快速启动栏中添加程序图标，根据需要选择所需要的任务后，单击 Next>按钮，进入准备安装界面，如图 2-6 所示。

程序的安装进程如图 2-7 所示。安装结束后，进入完成安装界面，如图 2-8 所示。在此可以选择Launch Cisco Packet Tracer按钮，然后单击Finish按钮来完成安装并运行Cisco Packet Tracer。

2.2.2 熟悉 Cisco Packet Tracer 的主界面

进入开始菜单，找到 Cisco Packet Tracer 菜单，并运行 Cisco Packet Tracer 程序，进入其主界面。其主要的几个工作区如图 2-9 所示。

图 2-1　安装向导对话框

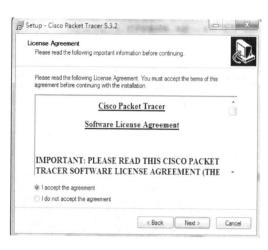

图 2-2　许可协议对话框

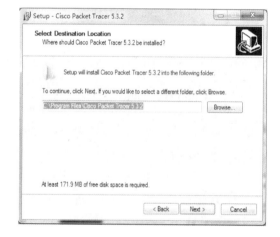

图 2-3　选择安装路径对话框

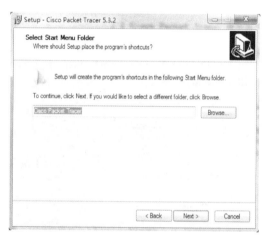

图 2-4　选择开始菜单文件夹对话框

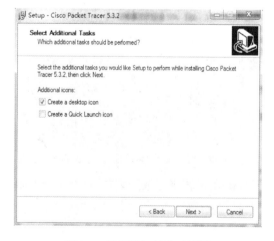

图 2-5　选择附加任务对话框

图 2-6　准备安装界面

任务 2　利用模拟软件搭建实验环境

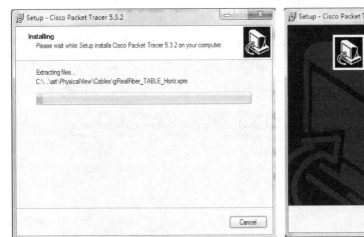

图 2-7　程序的安装进程

图 2-8　完成安装界面

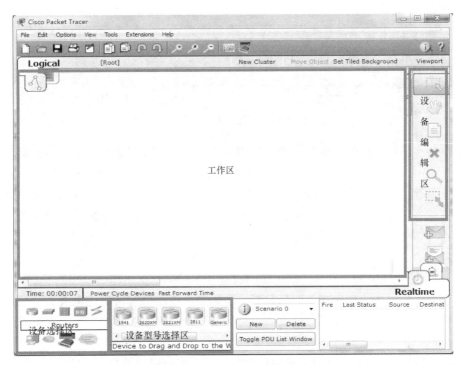

图 2-9　Cisco Packet Tracer 主界面

在工作区中，可以添加所需要的设备和线路进行网络拓扑结构的设计，并可以进入设备进行相应的配置。在设备选择区中可以选择需要的设备类型，如路由器（Routes）、交换机（Switches）、终端设备（End Devices）等。设备型号选择区是在选择设备类型后，确定该类型中的具体型号，如路由器类型中的"2811"型号的路由器。在设备编辑区中，可以在工作区中选择、移动、删除设备，还可以给设备添加相应的注释等。

2.2.3　Cisco Packet Tracer 的基本操作

1. 添加/移除设备

在设备选择区中，用鼠标单击某一种设备类型，如路由器，然后在设备型号选择区中选择某一个路由器的型号,如 2811,接着将鼠标移入工作区域。此时鼠标会变成"+"号,单击鼠标左键,在工作区中就可以添加该 2811 路由器。用相同的方法再添加一台 2950T 交换机和一台计算机,如图 2-10 所示。

图 2-10 添加设备到工作区

如果需要将已经添加到工作区的设备移出工作区,则可以用鼠标单击选中该设备后,单击设备编辑区中的按钮✖,在确认删除设备对话框会提示是否要删除选中的设备。单击 Yes 按钮即可删除该设备或线缆,如图 2-11 所示。也可以在鼠标形状变成✖后,直接单击需要删除的设备,完成对设备或线缆的删除。

图 2-11 确认删除设备对话框

2. 为设备添加模块

模块化的设备在实际的网络组建中越来越受欢迎,因为它可以按照用户的需要来选择所需要的功能模块。所以,在组网时灵活性也很高。这些模块化设备有一个共同特点,就是具有一个或多个可扩展模块的 SLOT 插槽,可以允许对应的功能模块添加上去。

在 Cisco Packet Tracer 中对应的模块化设备也可以根据用户的需要来添加所需要的模块。例如,在刚才所添加的 2811 路由器中,添加一个具有广域网串行口接口的模块的步骤如下。

(1) 在工作区中单击路由器 2811,进入该路由器的物理接口配置界面,如图 2-12 所示。在图中的"Physical Device View"区域中可以看到该设备有多个不同的扩展插槽,它们可以插入不同的模块。在"MODULES"区域中,提供了可选择功能模块。在界面的底部区域可以看到所选中的功能模块的功能说明及其外观。

任务 2　利用模拟软件搭建实验环境

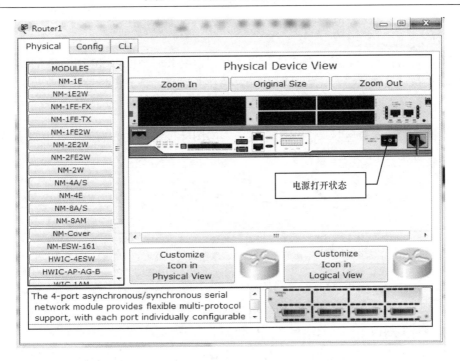

图 2-12　路由器的物理接口配置界面

（2）在"MODULES"区域中单击"NM-4A/S"模块（4 个广域网串行接口），在底部区域就会出现该模块的外观形状及其说明信息。用鼠标左键按住该模块，然后拖动至"Physical Device View"区域中的指定插槽，即可完成添加，如图 2-13 所示。

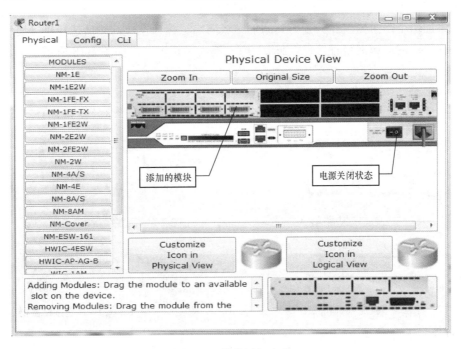

图 2-13　模块添加完成

> **注意**
> 为了模拟该操作的真实性，在添加模块时，需要关闭"Physical Device View"区域中的电源按钮，等模块添加完后再打开电源按钮。否则，将会出现警告信息。

3. 为设备连接线路

在主界面的设备选择区域中，单击"线缆"的图标按钮 ，在右侧区域中将出现各种线缆类型界面，如图2-14所示。

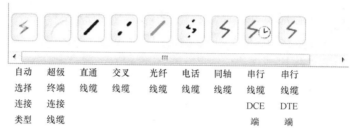

自动　超级　直通　交叉　光纤　电话　同轴　串行　串行
选择　终端　线缆　线缆　线缆　线缆　线缆　线缆　线缆
连接　连接　　　　　　　　　　　　　　　DCE　DTE
类型　线缆　　　　　　　　　　　　　　　端　　端

图2-14　各种线缆类型界面

下面将说明手动连接部分网络设备，步骤如下。

（1）单击超级终端线缆按钮，鼠标移动到工作区中。单击计算机设备，出现设备接口列表菜单，如图2-15所示。单击"RS 232"串行接口，然后再将鼠标移动到需要管理的交换机或路由器，单击该设备。此时同样会出现该设备的接口列表菜单，单击"RS 232"串行接口，完成超级终端线缆的连接，如图2-16所示。

（2）用同样的方法，选择直通线缆可以将交换机的快速以太口（FastEthernet）Fa0/1连接到路由器上相同的快速以太口Fa0/0，如图2-17所示。

（3）添加两个路由器，并分别为其添加广域网串行接口模块，然后选择串行线缆DCE，为这两个路由器的广域网串行接口（serial 0/1）建立串行链路，如图2-18所示。

> **注意**
> 在选择串行线缆DCE连接两个路由器的串行接口时，起始端的接口为DCE设备。

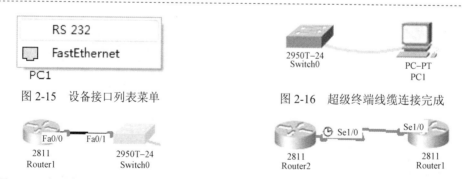

图2-15　设备接口列表菜单　　　图2-16　超级终端线缆连接完成

图2-17　直通线连接交换机和路由器　　图2-18　串行线缆DCE连接路由器

4. 对设备进行配置

在主界面的工作区域中，单击需要配置的设备，进入该设备的配置界面。其中有两种配置方法，即"Config"和"CLI"两种方法。

（1）Config 方法。允许用户直接在界面中完成对该设备的配置，如图 2-19 所示。

（2）CLI 方法。该方法需要用户通过命令的方式来完成设备及网络的配置，如图 2-20 所示。这也是推荐使用的方法。

图 2-19　Config 方法

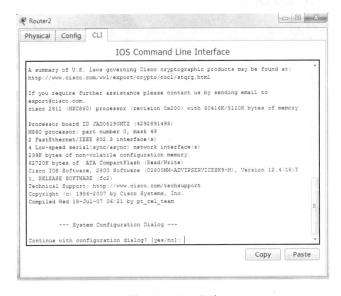

图 2-20　CLI 方法

2.3　GNS3 模拟软件应用

GNS3 是一款可以模拟复杂网络的、基于图形界面的网络模拟软件，它能运行在 Windows、Linux 及 MAC OS 之上，且在虚拟环境中运行真实的 Cisco IOS，它模拟的结果基本与真实的物理设备运行结果一样。

2.3.1 GNS3 的安装与基本参数配置

1. 下载安装 GNS3 并运行

访问 GNS3 的官方网址 http://www.gns3.net/download/，下载最新的 GNS3 版本。本任务在 Windows Server 2003 中进行 GNS3 v0.8.3 all-in-one 的安装与配置。具体安装过程如下。

（1）双击.exe 程序安装文件，进入安装向导对话框，如图 2-21 所示。单击 Next>按钮，进入安装许可对话框，如图 2-22 所示。单击 I Agree 按钮，进入选择开始菜单文件夹对话框，如图 2-23 所示。默认采用 GNS3 菜单名，单击 Next>按钮，进入选择安装路径对话框，如图 2-24 所示。单击 Install 按钮，开始 GNS3 的安装。

图 2-21　安装向导对话框

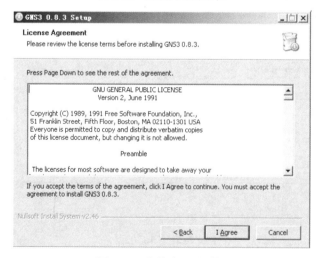

图 2-22　安装许可对话框

（2）在 GNS3 安装开始之后，安装程序还会提示两个辅助程序的安装，分别是 WinPcap 和 Wireshark 程序，如图 2-25 和图 2-26 所示。如果计算机上已经安装了这两款程序，则可以单击 Cancel 按钮进行跳过，否则必须要进行安装。安装过程可以按照其安装向导采用默认设置进行。安装完成后仍将回到 GNS3 安装过程对话框，如图 2-27 所示。单击 Next>按钮进入安装完成对话框，如图 2-28 所示。

任务 2 利用模拟软件搭建实验环境　　　　　　　　　　　　　　　　　　　　　19

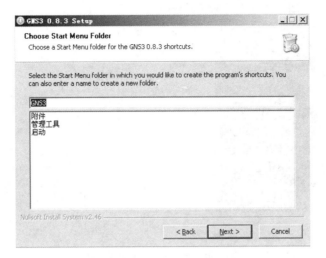

图 2-23 选择开始菜单文件夹对话框

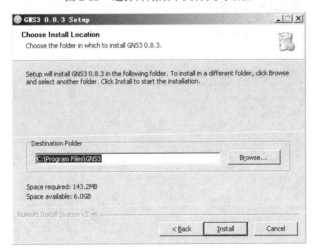

图 2-24 选择安装路径对话框

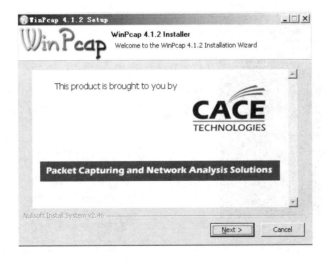

图 2-25 安装 WinPcap 程序

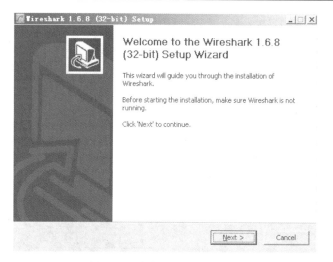

图 2-26　安装 Wireshark 程序

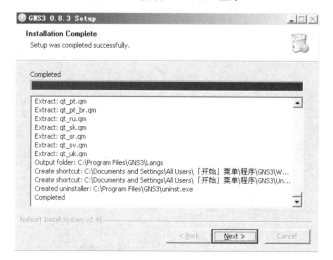

图 2-27　GNS3 安装过程对话框

图 2-28　安装完成对话框

（3）安装完成后可以在"开始"菜单中，找到 GNS3 运行程序 GNS3。单击其进入其主界面，如图 2-29 所示。在弹出的工程对话框中，如图 2-30 所示，可以建立自己的项目名称（Project name）和项目路径（Project directory），单击 OK 按钮即可以完成。在该对话框的左下角还有两个命令按钮，分别是 Open a Project 按钮，单击它可以打开保存过的项目；Recent Files 按钮，单击它可以显示并打开近期所使用过的文件。

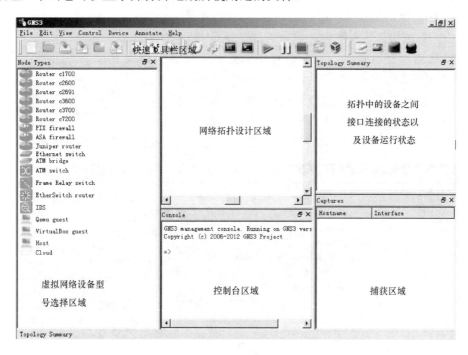

图 2-29　GNS3 主界面

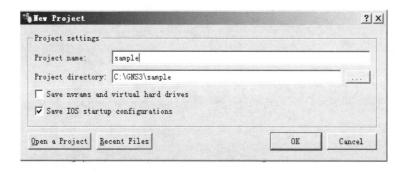

图 2-30　工程对话框

2. 首选项参数配置

单击 Edit 菜单，选择 Preferences 菜单项，进行首选项对话框，如图 2-31 所示。本任务将主要对左侧列表中的 General 和 Dynamips 两项进行设置。

（1）选中左侧列表中的 General 项，在右侧设置界面中可以看到三个设置选项，即 General Settings、Terminal Settings 和 GUI Settings。下面就对它们进行分别设置。

1）General Settings（常规设置）。

- language 下拉列表：选择"中国的(cn)"项，可以将 GNS3 界面语言改成中文环境，如图 2-32 所示。接下来的设置可以在中文界面中进行了。
- "启动时显示工程对话框"复选框：可以设置在启动 GNS3 时是否显示工程对话框，如图 2-30 所示。
- "工程使用相对路径"复选框：设置是否使用工程的相对目录，即 net 文件中的 Workingdir 的显示。
- "自动检测更新"复选框：设置是否检测 GNS3 有更新版本。
- "当启动所有设备时。在每个设备间延时"文本框：设置设备之间的启动间隔，单位为 s。
- "自动保存"文本框：设置自动保存的时间，单位为 s。
- "工程目录"文本框：主要的工作目录设置。
- "OS 镜像（IOS，Qemu，PIX 等）路径"文本框：设备 IOS 存放的目录。

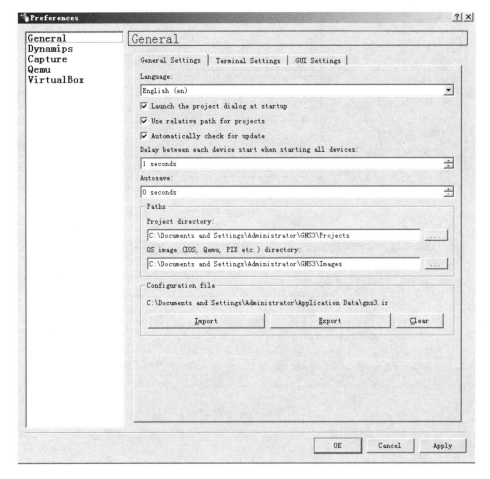

图 2-31 Preferences 对话框

2）Terminal Settings（终端设置）。单击打开终端设置选项，如图 2-33 所示。主要设置如下。

任务 2　利用模拟软件搭建实验环境

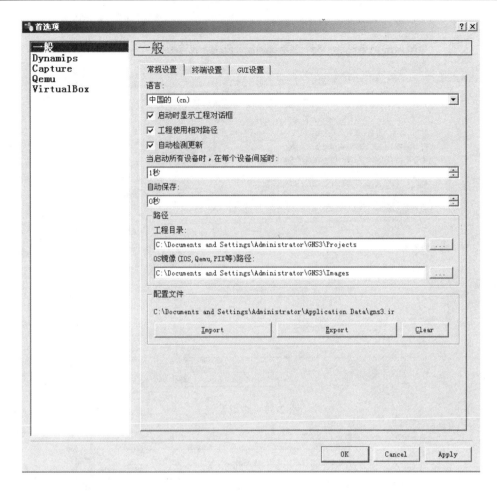

图 2-32　General Settings 设置

- "预配置的终端命令"下拉列表：设置在执行时所使用的终端软件名称，该下拉列表中包含了 Windows 和 Linux 中常见的终端软件。在此，选择 GNS3 中内置的 Putty 终端软件，即选择"Putty（Windows, included with GNS3）"项。
- "终端命令行"文本框：在选择上述预配置的终端命令后，单击"使用"命令按钮，GNS3 会自动生成该脚本。使用 Putty 终端软件的脚本文件为"putty.exe -telnet %h %p -wt %d -gns3 5"。
- "Terminal command for VirtualBox local console/serial connections"文本框：设置在 VirtualBox 虚拟软件中使用 Putty 软件的设置脚本。

3）GUI Settings（GUI 设置）。该选项主要设置一些图形界面的参数设置，如图 3-34 所示，如"工作区宽度"和"工作区高度"两个微调按钮可以设置网络拓扑设计区域的大小，单位为"px（像素）"。

（2）选中左侧列表中的"Dynamips"项，在右侧设置界面中可以看到两个设置选项，即 Dynamips 和 Hypervisor 管理，如图 2-35 和图 2-36 所示。

图 2-33　终端设置

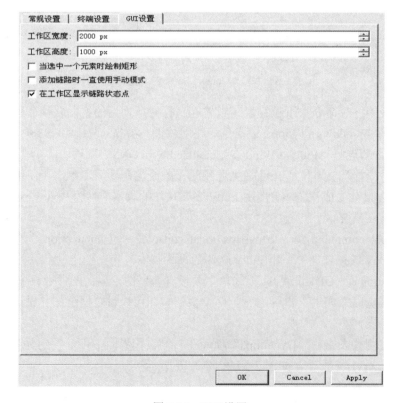

图 2-34　GUI 设置

任务 2　利用模拟软件搭建实验环境

图 2-35　Dynamips 设置

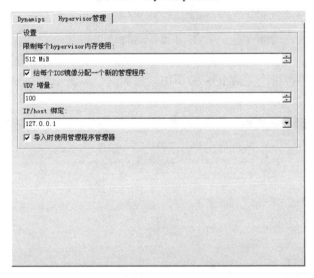

图 2-36　Hypervisor 管理设置

1）Dynamips 设置。
- "Dynamips 可执行路径"框：设置 Dynamips.exe 程序的运行路径，一般采用默认值即可。
- "Dynamips 工作路径"框：主要存放 Dynamips 启动后产生的临时文件，可以根据需要设置自己的 GNS3 工作路径。
- "自动清理工作目录"复选框：设置在 GNS3 退出后，是否清空工作目录。建议不要勾选此项。
- "基础端口"、"基础 UDP"、"基础 Console"和"基本 Aux 端口"微调按钮可以设置相应端口号，一般建议采用默认值。
- "测试设置"命令按钮：上述参数设置完成后，可以测试一下 Dynamips.exe 是否能够成功运行。单击该命令按钮，如果在按钮的右侧出现"Dynamips 0.2.8-RC3 成功启动"的信息，则说明设置成功。

2）Hypervisor 管理设置。
- "限制每个 Hypervisor 内存使用"和"UDP 增量"微调按钮：采用默认设置即可。
- IP/host 绑定：若今后需要进行分布式实验，则此处建议在下拉列表中选择本地连接的 IP 地址。

2.3.2 设备 IOS 的添加

上述基本参数设置完成后，即可以为 GNS3 中的虚拟设备添加真实的 IOS。这里主要介绍路由器的 IOS 添加方法，添加步骤如下。

（1）准备好对应型号的 IOS 软件存放到指定的目录中。

（2）在 GNS3 中单击 Edit 菜单，选择 IOS images and Hypervisors 菜单项，打开"IOS 和 Hypervisors"对话框，如图 3-37 所示。

（3）在 IOS 选项卡中，单击"镜像文件"文本框右侧的命令按钮，选择刚才存放在指定目录中的 IOS 文件（如 C3640 的 IOS 文件，该文件扩展名为 .BIN）。

（4）如果是正确的 IOS 文件，则会在下面的"平台"列表中自动出现"C3600"，同时，在"型号"列表中出现型号"3640"。

（5）IDLE PC 值是非常重要的一个值，它决定了该设备运行的性能。如果设置得不好，则计算机运行将会很慢。而这个值的设置需要在运行该设备后进行计算得到，并从计算的值中选择推荐的最优值。

（6）单击"保存"按钮，完成 IOS 的添加。添加的信息将出现在 IOS 的列表框中，如图 2-38 所示。

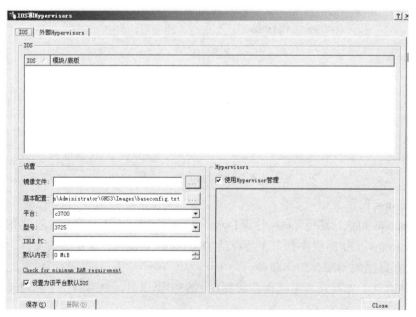

图 2-37　IOS 和 Hypervisors 对话框

任务 2　利用模拟软件搭建实验环境　　27

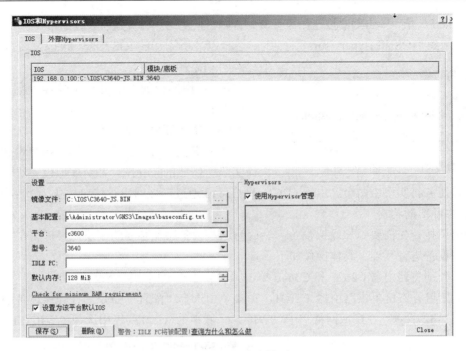

图 2-38　IOS 添加完成

（7）单击 Close 命令按钮，回到 GNS3 主界面。在左侧的虚拟网络设备型号选择区域中，用鼠标单击 Router C3600 并按住左键将其拖动至网络拓扑设计区域，再单击快速工具栏区域中的按钮，运行该虚拟设备。

（8）用鼠标右键单击该路由器，在弹出的右键菜单中选择 Idle PC 命令，如图 2-39 所示。进行 Idle PC 值的计算，这需要花费一些时间，如图 2-40 所示。

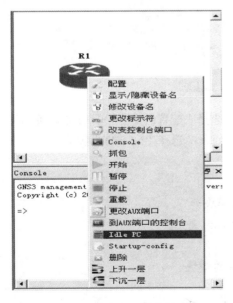

图 2-39　设备右键菜单　　　　　　　　　图 2-40　Idle PC 值计算中

（9）计算完成后，如果出现带"*"的 Idle PC 值，如图 2-41 所示，则可以采用该值作为最终的 Idle PC 值，单击 OK 按钮结束计算。否则，重复这一计算过程，直到带"*"的 Idle PC 值出现。回到"IOS 和 Hypervisors"对话框，选择刚才所添加的 IOS 信息，可以发现该 Idle PC 值已经自动添加完成了。

（10）使用同样的方法可以完成其他型号路由器 IOS 的添加。

2.3.3 实验环境搭建与运行

完成 IOS 的添加后，可以在网络拓扑设计区域中设计实验所需要的拓扑图，并对虚拟设备进行配置和测试。本任务将实现由两个路由器 C2621 和 C3640 通过广域网串行接口构建一个拓扑结构。

图 2-41 选择 Idle PC 值

1. 拓扑图的构建

构建拓扑首先需要添加虚拟设备，然后为这些设备添加必要的模块，最后再用指定的线缆将这些设备进行互连。具体操作如下。

（1）分别将路由器 C2621 和 C3640 单击并将其添加至网络拓扑设计区域。

（2）用鼠标右键单击路由器 C2621，在菜单中选择"配置"命令，打开该设备的配置界面，如图 2-42 所示。在广域网接口卡（WIC）区域中的 wic 0 列表中选择"WIC-1T"模块。

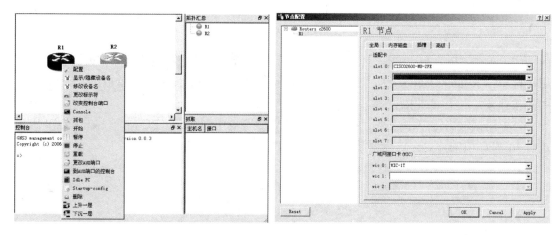

图 2-42 配置 C2621 路由器

（3）用鼠标右键单击路由器 C3640，在菜单中选择"配置"命令，打开该设备的配置界面，如图 2-43 所示。在"适配卡"区域中的 slot 0 列表中选择"NM-4T"模块。

在功能适配卡区域中的 slot x 列表中的可选模块如下。

1）NM-1FE-TX：具有一个快速以太网接口的模块。
2）NM-4T：4 个广域网串行接口模块。
3）NM-16ESW：具有 16 个快速以太网接口的模块。
4）NM-CIDS：Cisco 的入侵检测模块。
5）NM-NAM：Cisco 的网络分析模块。

在广域网接口卡（WIC）区域中的 wic x 列表的可选模块如下。

1）WIC-1T：具有一个广域网串行接口的模块。
2）WIC-2T：具有两个广域网串行接口的模块。

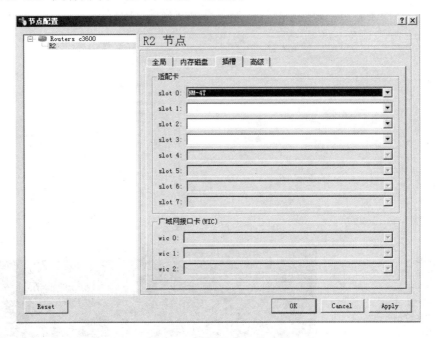

图 2-43　配置 C3640 路由器

（4）单击快速工具栏上的"添加链接"按钮，在菜单中选择 Serial 命令，如图 2-44 所示。将鼠标移至 C2621，再用鼠标单击它后将串行线拉至 C3640 后并单击该设备，这样就可以分别将两个路由器的广域网的串行接口"s0/0"进行连接。另外，也可以选择菜单中的 Manual 命令，然后在路由器上自己选择所要连接的接口进行连线，如图 2-45 所示。

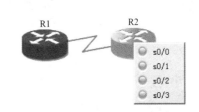

图 2-44　添加链接　　　　　　　图 2-45　手动连接设备接口

> **注意**
> 如果要添加好的设备或线缆，则可以用鼠标右键单击该对象后，选择菜单中的"删除"命令即可以删除它。

（5）单击快速启动栏中的"启动/恢复所有设备"按钮，运行这两个路由器。在"拓扑汇总"区域中可以看到这两个设备的连线情况，以及运行的状态，如图 2-46 所示。

2. 对虚拟设备进行配置

用鼠标右键单击路由器，选择菜单中的 Console 命令，打开设备的命令行配置界面，如图 2-47 所示。接下来就可以按照自己的拓扑对整个网络进行配置了。

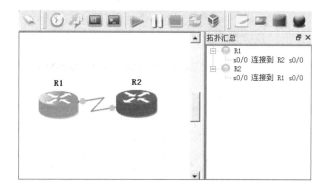

图 2-46　设备运行状态

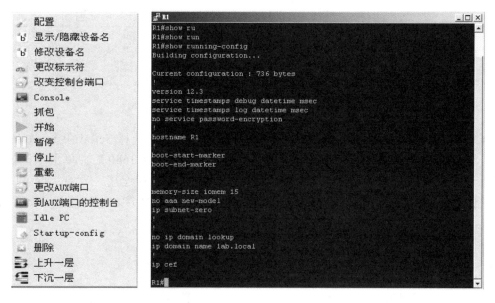

图 2-47　使用 Console 进入路由器的命令配置界面

> **小技巧**
>
> GNS3 对系统的 CPU 资源消耗很大，在运行时可能导致系统运行速度变慢，甚至不响应。如果要降低 CPU 的利用率，则可以通过以下方法来实现。首先，通过 Ctrl+Atl+Del 键打开"Windows 任务管理器"，单击其中的"进程"选项卡，如图 2-48 所示。在运行 GNS3 及其中的设备后，进程 GNS3 中的"Dynamips.exe"进程的 CPU 使用率达到了 99%，这将使得系统无暇再去处理其他的进程，导致系统运行很慢。用鼠标右键单击该进程，在菜单中选择"设置相关性"命令，如图 2-49 所示。在"处理器相关性"对话框中，取消其中的一个复选框，如图 2-50 所示，即让双核的 CPU 只用其中的一个内核（CPU 1）来处理该进程。这样，CPU 的利用率至少可以下降 50%。

3. 虚拟主机的使用

虚拟主机在实验中可以帮助我们完成一些测试工作，如网络连通性测试、WWW、FTP 等网络服务的可用性测试等。

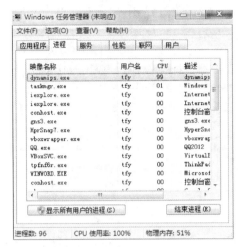

图 2-48　Window 任务管理器

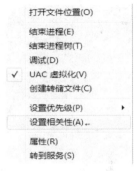

图 2-49　Dynamips 右键菜单

（1）使用 VirtualBox 虚拟主机。在 GNS3v0.8.x 版本以后，都支持了 VirtualBox 虚拟主机，这使得利用 GNS3 来实现网络环境更方便也更真实。在 VirtualBox 中可以安装 Windows、Linux 系统，本书中将主要使用 Windows Server 2003、Windows XP、CentOS6 等。

在 GNS3 中使用 VirtualBox 虚拟主机的前提是必须先安装好这些虚拟操作系统，然后在 GNS3 中进行 VirtualBox 的参数设置，步骤如下。

1）打开 GNS3，单击"编辑"菜单，选择"首选项"命令，在对话框的左侧选择 VirtualBox，如图 2-51 所示。在右侧的"常规设置"选项卡中单击"T 测试设置"按钮。如果弹出绿色的 VBoxwrapper and VirtualBox API 4.2.4 have successfully started 提示信息，则说明 VirtualBox 服务可以使用，这时，可以添加 VirtualBox 客户机。

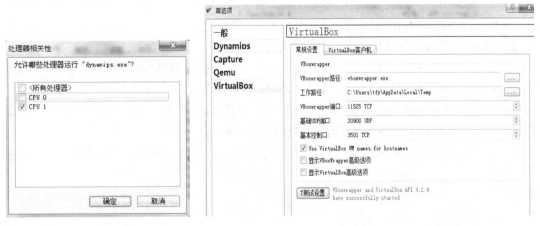

图 2-50　处理器相关性　　　　　　　　图 2-51　测试 VirtualBox 服务

2）单击 VirtualBox 客户机选项卡，如图 2-52 所示。在"标识符名称"框中输入客户机的名称，在 VM List 列表中，单击下拉列表，选择已经在 VirtualBox 中安装的虚拟系统，在

"网卡数"框中设置网卡的数目,默认为 2。单击"保存"按钮,即可把该虚拟主机添加到下方的 VirtualBox 虚拟机列表中。

3)接下来可以在 GNS3 主界面中,添加这些在列表中的虚拟主机。鼠标左键拖动 VirtualBox 图标到工作区中,选择客户机的类型,如图 2-53 所示,然后单击 OK 按钮完成添加。

4)用鼠标右键单击客户机,选择"开始"命令即可启动该 VirtualBox 客户机。

图 2-52 添加 VirtualBox 客户机

图 2-53 选择客户机类型

(2)使用路由器充当虚拟主机。使用路由器充当虚拟主机,只要对其设置如下命令。

```
Router(config)# no ip routing                              //关闭路由器的路由功能
Router(config)# interface fa0/0                            //进入接口
Router(config-if)# ip address ipaddress subnet_mask        //配置接口IP和子网掩码
Router(config-if)# no shutdown
Router(config-if)# exit
Router(config)# ip default-gateway gateway_ipaddress       //配置默认网关
```

(3)VPCS 虚拟主机软件。VPCS 是一款支持 IPv4/IPv6 的虚拟主机软件,一个 VPCS 可以支持 9 个虚拟的 PC。通过输入数字 1~9 可以进行 PC 间的切换,输入"?"可以查看命令帮助,如图 2-54 所示。

例如,输入 1,切换到 VPCS1 虚拟主机,设置其 IP 地址、子网掩码和网关的命令:"ip 192.168.0.10 24 192.168.0.1";输入 2,切换到 VPCS2,设置其 IP 地址为动态获取的命令:"dhcp"。

在 GNS3 中连接 VPCS 虚拟主机的过程如下。

1)在 GNS3 中添加一个 Host 主机或 Cloud 对象,用鼠标右键单击该对象,选择"配置"命令,打开节点配置对话框,单击左侧的 Clouds 节点,选择右侧的 NIO UDP 选项卡,设置其中的"本地端口、远程主机、远程端口"的值,如图 2-55 所示。单击"添加"按钮,为该节点添加一个网络接口"nio_udp:30000:127.0.0.1:20000"。

2)在 GNS3 中通过该接口将 VPCS 主机连接到其他 GNS3 对象,如路由器节点,如图 2-56 所示。

> **注意**
>
> 如果添加多个 VPCS,则可以添加多个"NIO UDP"接口。其中,本地端口和远程端口需要设置不同的值,如,值可以递增设置。

（4）使用物理计算机。连接物理计算机的方法与 VPCS 类似，在"节点配置"对话框中，选择"以太网 NIO"选项卡。在普通以太网 NIO（需要 Administrator 或 root 访问权限）列表中，找到需要连接的物理计算机的网络接口项，如图 2-57 所示。然后单击"添加"按钮，接下来的步骤可以参照 VPCS 的设置。

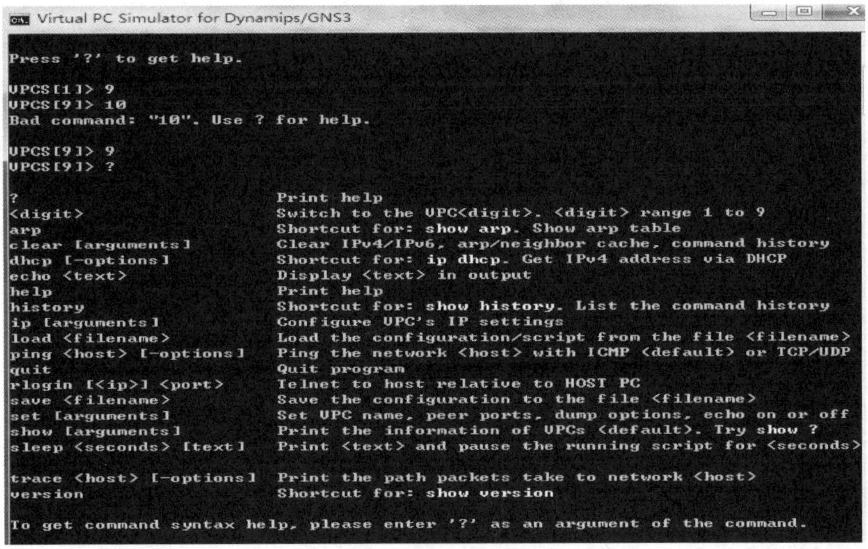

图 2-54　VPCS 虚拟软件

图 2-55　节点配置

nio_udp: 30000: 127.0.0.1: 20000

图 2-56　连接 VPCS

图 2-57 添加以太网 NIO 接口

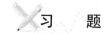

理论基础知识：

1．使用模拟软件有什么优点？

2．GNS3 中，除了模拟交换机和路由器之外，还可以模拟哪些类型的设备，在模拟时它需要什么必备条件？

3．简述 GNS3 中添加 IOS、Qemu 主机的主要步骤。

4．Idle PC 值在 GNS3 模拟中有何作用？

实践操作：

1．利用 Packet Tracer 搭建一个简单的局域网络，要求网络中体现三层架构，即核心层、汇聚层和接入层，并用软件的注释功能标注网络的功能区域。

2．利用 GNS3 搭建一个企业网络，要求体现企业内部网络的架构、企业接入 Internet、企业与外部网络的安全访问控制及通过 Internet 与其分支机构的连接。

3．配置 GNS3，使用 SecureCRT 来配置虚拟网络设备。

任务 3 路由器基本配置

路由器的基本配置主要包括对路由器的初始化配置、IOS 的备份和恢复、密码的恢复等。这些技能是维护路由器的基础，也是一个网络管理员需要掌握的必备技能。

3.1 IOS 的认知

IOS（Internetwork Operation System）是一个为网际互连优化的复杂的操作系统，它类似于 PC 的操作系统，是路由器和交换机的灵魂，所有配置都是通过 IOS 来完成的。Cisco 的 IOS 使用命令行界面（Command Line Interface，CLI）来实现设备配置。

3.1.1 CLI 命令模式

DOS 命令大家比较熟悉，它在 DOS 命令提示符下都可以执行。但 Cisco IOS 命令不同，它需要在各自的命令模式下才能执行。因此，如果要执行某一条命令，则必须先进入相应的命令模式。Cisco IOS 在路由器和交换机中包括了多种不同的命令模式，每种模式都有不同的特点和用途，如表 3-1 所示。

表 3-1 Cisco IOS 命令模式

模式	访问方法	提示符	退出方法	关于该模式的说明
User Exec（用户模式）	刚开始登录到交换机时	Router> OR Switch>	执行 logout 或 quit 命令	改变终端设置、执行基本的测试命令、显示系统信息
Privileged Exec（特权模式）	在用户模式下执行 enable 命令	Router# OR Switch#	执行 disable 或 exit 命令	校验输入的命令、访问此模式时可使用密码保护
Global Configuration（全局配置模式）	在特权模式下执行 configure 命令	Router OR Switch（config）#	执行 exit 或 end 命令或按 Ctrl+Z 键	将配置的参数应用到整个交换机
Interface Configuration（端口配置模式）	在全局配置模式下执行 interface 命令	Router OR Switch（config-if）#	执行 exit 命令退回全局配置模式，执行 end 命令或按 Ctrl+Z 键退回特权模式	为以太网端口配置（Ethernet interfaces）参数
Line Configuration（线路配置模式）	在全局配置模式下执行 line vty 或 line console 命令	Router OR Switch（config-line）#	执行 exit 命令退回全局配置模式，执行 end 命令或按 Ctrl+Z 键退回特权模式	为终端线路（terminal line）配置参数
Router Protocol Configuration（路由协议配置模式）	在全局配置模式下使用 router 命令设定一个路由协议	Router（config-router）#	执行 exit 命令退回全局配置模式，执行 end 命令或按 Ctrl+Z 键退回特权模式	可以为整个路由器配置路由协议，也可以指定具体接口来运行特定的路由协议
Config-vlan（全局配置下的 Vlan 模式）	在全局配置模式中执行 vlan vlan-id 命令	Switch（config-vlan）#	执行 exit 命令退回全局配置模式，执行 end 命令或按 Ctrl+Z 键退回特权模式	配置 VLAN 参数。当 VTP 模式处于透明模式时，创建扩展序列的 VLAN（Vlan id 大于 1005），并将配置文件保存至启动文件
VLAN Configuration（Vlan 配置模式）	在特权模式下，执行 vlan database 命令	Switch（vlan）#	执行 exit 命令退回特权模式	在 Vlan database 中为 Vlan1～1005 配置 Vlan 参数

上述命令模式的进入流程如图 3-1 所示，退出流程如图 3-2 所示。

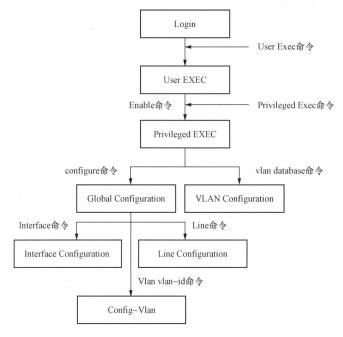

图 3-1　Cisco 各命令模式的进入流程

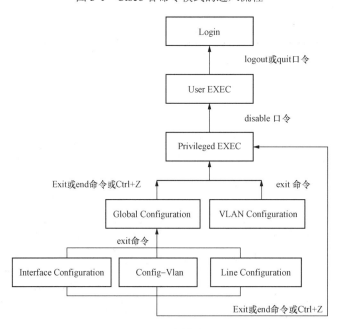

图 3-2　Cisco 各命令模式的退出流程

3.1.2　使用 CLI 命令行帮助

在交换机的各命令模式下面都有很多命令，且有些命令还有较多的运行参数。如果要记所有的命令及其功能则相对比较困难。在这种情况下，交换机 IOS 命令模式中提供了相应的帮助命令来解决这一问题，如表 3-2 所示。

表 3-2　　　　　　　　　　　获 得 帮 助 汇 总

帮 助 命 令	作　　用
help	在任何命令模式中获得帮助系统的一个简短描述
abbreviated-command-entry?	获得以一个特殊字符串开始的命令列表（在命令和问号之间无空格） 例如： Router OR Switch#di? 　dir　disable　disconnect
abbreviated-command-entry <Tab>	完成一个局部命令名称 例如： Router OR Switch#sh conf<tab> Switch#sh configuration
?	列出所有在当前模式下的命令 例如： Router OR Switch>?
command ?	列出一个命令的相关关键词（在命令和问号之间有空格） 例如： Router OR Switch>show ?
command keyword ?	列出一个关键词的相关变量（在命令和问号之间有空格） 例如： Router OR Switch（config）#cdp holdtime ? <10-255> length of time （in sec） that receiver must keep this packet

3.1.3　使用命令历史功能

Cisco 的 IOS 提供命令的历史功能，此功能对重新输入比较长且较复杂的命令时特别有用。可以通过命令来改变在当前终端会话的历史命令数目：

```
Switch# terminal history [size number-of-lines]
```

其中，number-of-lines 的取值范围为 0～256，默认是 10 条。这些历史命令存放于历史命令缓存中，恢复这些命令可以执行如表 3-3 所示的操作。

表 3-3　　　　　　　　　　　恢 复 历 史 命 令

操　　作	结　　果
Ctrl+P 或"↓"光标键	重用前一条命令
Ctrl+N 或"↑"光标键	重用下一条命令
Show history 命令	显示命令缓冲区的内容

3.1.4　使用 IOS 命令行编辑功能

命令行接口提供了基本的命令编辑功能，可以通过如表 3-3 所示的"Ctrl+P 和 Ctrl+N 命令"或上、下光标键调出相应历史命令后，用其他编辑键来对它进行编辑。Cisco IOS 的命令编辑键如表 3-4 所示。

表 3-4　　　　　　　　　　Cisco IOS 的命令编辑键

操　　作	结　　果
Ctrl+B 或"←"光标键	光标左移一个字符
Ctrl+F 或"→"光标键	光标右移一个字符

续表

操　　作	结　　果
Esc+B	光标左移一个单词
Esc+F	光标右移一个单词
Ctrl+A	光标移到当前行的行首
Ctrl+E	使光标移到当前行的行末
Backspace	删除光标左边的一个字符
Ctrl+D	删除光标所在位置的字符
Ctrl+W	删除光标左边的一个单词
Esc+D	删除光标右边的一个单词
Ctrl+F	在新的一行上重复从上一次按"回车"键开始输入的所有字符，最为适合由于系统或 Debug 消息显示而打断的命令输入

3.2　路由器初始化配置案例

1. 案例应用场景分析

路由器在刚出厂时其内部没有任何的配置信息，在第一次使用时就需要对其进行初始化配置。在路由器打开电源后，如果没有有效的配置文件时，路由器会自动进入初始配置模式，设置完成后才能开始正式使用。

2. 案例拓扑图

在配置路由器时可以通过不同设备，最常用的是将一台终端连在路由器控制台上（Console）口或辅助口（AUX）上。还可以利用以太网或广域网上连接的本地或远程设备通过 Telnet 虚终端、TFTP 服务器或网管工作站进行配置，如图 3-3 所示。

但是第一次配置 Cisco 设备时，必须通过 Console 口与 PC 的串口相连接，进行初始化配置。

3. 配置步骤

假设路由器中没有任何配置文件。

（1）完成硬件连接并给路由器加电。用路由器附带的 Console 配置线缆将计算机上的 COM1 口与交换机的 Console 口相连。完成连接后，将路由器电源打开。

图 3-3　Console 口连接路由器

（2）在 PC 机上创建超级终端。进入 PC Windows 操作系统后，单击"开始"→"程序"→"附件"→"通信"→"超级终端"命令，进入如图 3-4 所示的界面。为创建的超级终端取一个名字，如 Router。同时，还可以为它选择一个图标，设置完成后，单击"确定"按钮。

（3）选择 COM1 串行口。在"连接时使用"下拉列表中选择 COM1 串行口，如图 3-5 所示，单击"确定"按钮进入"COM1 属性"对话框。

任务3 路由器基本配置

图 3-4 新建连接

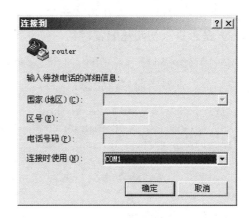

图 3-5 连接端口设置

（4）端口参数设置。在"COM1 属性"对话框中要对端口参数进行如下设置："每秒位数"为 9600，"数据位"为 8，"奇偶校验"为无，"停止位"为 1，"数据流控制"为无，如图 3-6 所示。

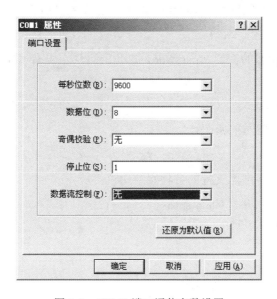

图 3-6 COM1 端口通信参数设置

设置完成后，单击"确定"按钮，进入路由器的 IOS 界面，可以看到路由器的提示信息。

（5）显示提示信息。

1）进入设置对话过程后，路由器首先会显示一些提示信息：

```
--- System Configuration Dialog ---
At any point you may enter a question mark '?' for help.
Use ctrl-c to abort configuration dialog at any prompt.
Default settings are in square brackets '[]'.
```

这是告诉你在设置对话过程中的任何地方都可以输入"？"得到系统的帮助，按 Ctrl-c

键可以退出设置过程，默认设置将显示在'[ ]'中。

2）是否进入初始化配置对话，按 y 键或"回车"键：

```
Would you like to enter the initial configuration dialog? [yes]:y
```

3）是否查看当前接口状态：

```
First, would you like to see the current interface summary? [yes]:y
Any interface listed with OK? value "NO" does not have a valid configuration
Interface    IP-Address    OK?   Method   Status   Protocol
Ethernet0    unassigned    NO    unset    up       up
Serial0      unassigned    NO    unset    up       up
...
```

（6）配置全局参数。

```
Configuring global parameters:
```

1）设置路由器名：

```
Enter host name [Router]: XXXX              //如 RTA
```

2）设置进入特权状态的密文（secret），此密文在设置以后不会以明文方式显示：

```
Enter enable secret: XXXX                   //如 Cisco
```

3）设置进入特权状态的密码（password），此密码只在没有密文时起作用，并且在设置以后会以明文方式显示

```
Enter enable password: XXXX                 //如 passwd
```

4）设置虚拟终端访问时的密码：

```
Enter virtual terminal password: XXXX       //如 cisco
```

5）询问是否要设置路由器支持的各种网络协议：

```
Configure SNMP Network Management? [yes]:
Configure DECnet? [no]:
Configure AppleTalk? [no]:
Configure IPX? [no]:
Configure IP? [yes]:
Configure IGRP routing? [yes]:
Configure RIP routing? [no]:
...
```

（7）接口参数的设置。接下来，系统会对每个接口进行参数的设置。

网络接口设置

```
Configuring interface Ethernet0:
```

1）是否使用此接口，按 y 键或"回车"键：

```
Is this interface in use? [yes]: y
```

2）是否设置此接口的 IP 参数，按 y 键或"回车"键：

```
Configure IP on this interface? [yes]:
```

3）设置接口的 IP 地址按 y 键或"回车"键：

```
IP address for this interface: XXX.XXX.XXX.XXX    //如192.168.0.1
```

4）设置接口的 IP 子网掩码：

```
Number of bits in subnet field [0]:
Class C network is 192.168.0.0, 0 subnet bits; mask is /24
```

串口设置，我们这里不进行设置，按 n 键

```
Configuring interface Serial0:
Is this interface in use? [yes]:n
```

（8）显示结果。在设置完所有接口的参数后，系统会把整个设置对话过程的结果显示出来：

```
The following configuration command script was created:
hostname RTA
enable secret 5 $1$W5Oh$p6J7tIgRMBOIKVXVG53Uh1
enable password pass
...
```

（9）应用设置。显示结束后，系统会问是否使用这个设置：

```
Use this configuration? [yes/no]: yes
```

如果回答 yes，系统就会把设置的结果存入路由器的 NVRAM 中，然后结束设置对话过程，使路由器开始正常的工作。

3.3 路由器基本配置操作案例

1. 案例应用场景分析

在日常的路由器管理和维护中，路由器的基本操作是经常要进行的，主要包括路由器的命名、特权密码的设置、远程访问的设置、基本接口的配置等。这都需要用到很多日常的配置和维护命令。

2. 案例拓扑图

将计算机的串口与路由器的 Console 口进行连接，同时，使用交叉线连接计算机的网卡和路由器的快速以太口，如图 3-7 所示。

图 3-7 路由器基本配置

3. 配置步骤

（1）设置路由器特权模式密码。

```
Router>enable
Router#configure terminal
Router(config)#enable password cisco     //设置明文密码 cisco
Router(config)#enable secret cisco1      //设置密文密码 cisco1
```

（2）设置路由器名称。

```
Router(config)#hostname RA               //路由器名称改为 RA
```

（3）设置远程虚拟终端访问。

```
RA (config)#interface fastethernet 0/0
RA (config-if)#ip address 192.168.0.1 255.255.255.0
RA (config-if)#no shutdown
%LINK-3-UPDOWN: Interface FastEthernet0/0, changed state to up
RA (config-if)#exit
RA (config)#line vty 0 4
RA (config-line)#password passtelnet         //设置远程访问密码passtelnet
RA (config-line)#login
RA (config-line)#exit
```

设置 PC 网卡的 IP 地址为 192.168.0.2/24，网关为 192.168.0.1。使用 telnet 命令访问 192.168.0.1，输入设置的密码，即可进入路由器进行远程配置。

（4）设置控制终端访问密码。

```
RA(config)#line console 0
RA(config-line)#password passcon              //设置Console口访问密码为passcon
RA(config-line)#login
RA(config-line)#end
```

（5）保存配置。

```
RA#copy running-config startup-config         //可以用write命令替代
Destination filename [startup-config]?        //如果确认保存，则直接按"回车"键
Building configuration...
[OK]
```

4. 调试验证

（1）在完成上述配置后，Console 端从用户模式退出，再次通过 Console 口连接，检查 Console 密码的正确性。

```
RA#disable
RTA>logout
```

出现如下提示信息：

```
User Access Verification
Password:
```

（2）输入 Console 口访问密码"passcon"。如果正确，则进入用户模式。再输入 enable 命令进入特权模式，验证特权模式密码的正确性。

```
RA>enable
Enter password:cisco
RA#
```

（3）通过计算机访问路由器，检查 telnet 访问的正确性。

```
C:>telnet 192.168.0.1
Password:               //输入telnet访问密码passtelnet
RA>enable
Enter password:         //输入特权模式密码cisco1,即采用密文（secret）状态的密码
RA#
```

5. 要点分析

路由器的基本配置可以帮助管理者更好地去维护网络。例如，通过配置路由器的主机名可以帮助管理者方便地识别该设备；配置特权模式的密码可以保证路由器使用的安全；配置远程访问可以帮助管理者远程来查看路由器的运行状态并对其进行配置，这带来了管理上的便利等。

3.4 配置文件及 IOS 的备份案例

1. 案例应用场景分析

配置文件及 IOS 的备份在任何的网络中都是需要的。当我们在完成一个项目之后，主要的工作就是需要做好备份。网络中任何问题都可能遇到，如路由器遇到突然重启、断电等原因造成配置文件或 IOS 丢失。此时，备份就有很重要的意义。备份的作用主要体现在以下几个方面。

（1）快速恢复网络的运转，可以以很少的时间来恢复网络的状况，解决网络的难题。

（2）提高排错的效率，当网络出现故障，可以对照备份的东西进行对比，提高排错的效率。

配置文件及 IOS 的备份方式有多种，常见的是基于 TFTP 的备份方式。

2. 案例拓扑图

案例拓扑图如图 3-8 所示，接口配置参数如表 3-5 所示。

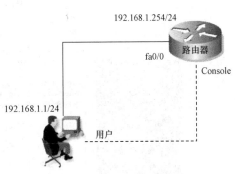

图 3-8 静态路由配置拓扑图

表 3-5 接 口 配 置 信 息

设 备	接 口	IP 地 址
PC	网卡	192.168.1.1/24
路由器	Fa0/0	重用下一条命令

3. 配置步骤

（1）各个路由器接口的 IP 地址等基本网络参数配置。在路由器上分别进行配置，保证直连链路的连通性。

1）路由器配置。

```
R1(config)#int fa0/0
R1(config-if)#ip address 192.168.1.254 255.255.255.0
R1(config-if)#no shutdown
R1(config-if)#exit
R1(config)#
```

2）PC 配置。配置 PC 的 IP 地址，如图 3-9 所示。

（2）安装 TFTP 软件，并打开指定目录。如图 3-10 所示，配置 TFTP 软件。

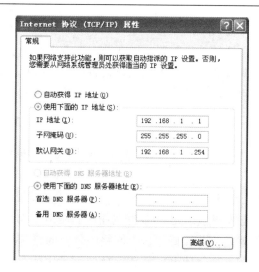

图 3-9　PC IP 地址配置

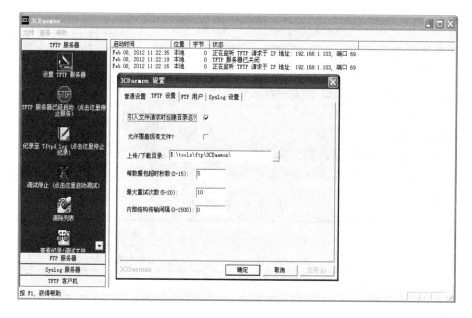

图 3-10　配置 TFTP 软件

（3）配置备份命令。

```
R1#copy running-config tftp://192.168.1.1
R1#copy flash:镜像名称.bin tftp://192.168.1.1
```

4．调试验证

检查 TFTP 的目录：完成上述配置后，可以在之前设置的目录中查到该文件。

5．要点分析

配置文件和 IOS 镜像的备份和恢复在设备出现此类故障时，可以快速地恢复设备的正常运行。因此，在日常的网络维护中，要对重要的核心设备做好配置文件和 IOS 镜像的备份工作。

3.5 密码恢复及 IOS 恢复案例

1. 案例应用场景分析

当网络管理员忘记路由器密码时,就需要对密码进行恢复。在一个企业中,会出现 IOS 的丢失的故障,如果之前保留了备份的 IOS,则可以对此进行恢复。恢复的方式有很多种,我们介绍一种最常见的方式。

2. 案例拓扑图

案例拓扑图如图 3-8 所示,接口配置参数如表 3-5 所示。

3. 配置步骤

(1) 设置路由器的密码。在路由器上分别进行配置,保证直连链路的连通性。

```
R1(config)#enable password jssvc
R1(config)#
```

(2) 路由器恢复密码。

```
R1(config)#exit
R1#reload
按住 Ctrl+Break 键进入 rommon 1>
Rommon 1> confreg 0x2142          //修改寄存器值,该寄存器值表示不记录配置
Rommon 2 >reset
```

(3) 进入路由器正常模式配置。

```
R1>enable
R1#copy startup-config running-config    //复制回以前的配置文件
R1#config terminal
R1(config)#enable password jssvc         //重新设置密码
R1(config)#exit
R1(config)#config-register 0x2102
R1(config)#exit
R1#write
```

注 意

交换机的恢复密码配置方式与路由器不同,在任务 9 中将进行介绍。

(4) 各个路由器接口的 IP 地址等基本网络参数配置。在路由器上分别进行配置,保证直连链路的连通性。

1) 路由器配置。(用于备份)

```
R1(config)#int fa0/0
R1(config-if)#ip address 192.168.1.254 255.255.255.0
R1(config-if)#no shutdown
R1(config-if)#exit
R1(config)#
```

2) PC 配置。配置 PC 的 IP 地址,如图 3-11 所示。

图 3-11　PC IP 地址配置

(5) 安装 TFTP 软件,并打开指定目录。如图 3-12 所示,配置 TFTP 软件。

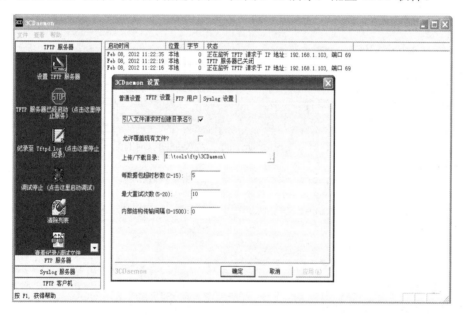

图 3-12　配置 TFTP 软件

(6) 删除以前的镜像文件,重新启动。

```
R1#detele flash:XX.bin
R1#reload                                     //重新载入
```

(7) 将镜像文件复制到刚刚设置的 TFTP 的根目录下。

(8) 重新启动路由器,按 Ctrl+Break 键,进入 rommon 模式。

```
Rommon1>IP_ADDRESS=192.168.1.2           //设置 f0/0 口的 IP 地址为 192.168.1.2
Rommon2>IP_SUBNET_MASK=255.255.255.0     //设置子网掩码为 255.255.255.0
Rommon3>DEFAULT_GATEWAY=192.168.1.254    //默认网关随便设置
Rommon4>TFTP_SERVER=192.168.1.1          //设置 TFTP 服务器的 IP 地址 192.168.1.254
```

```
Rommon5>TFTP_FILE=c2600-ik8o3s-mz.122-11.T.bin //即 TFTP 服务器上备份 IOS 的文件名
Rommon6> tftpdnld //准备复制 IOS 映像，注意：前面的几条命令必须使用大写，而最后的
tftpdnld 则要用小写。//此时保证 TFTP 是打开的。
Do you wish to continue? y/n: [n]:y
Receiving c2600-ik8o3s-mz.122-11.T.bin from 192.168.1.1
!!!!!!!!!!!!!!!!!!!!!!!!!!!!!!!!!!!!!!!!!!!!!!!!!!!!!!!!!!!!!!!!!!!!
Rommon8>reset
```

此时又回到了熟悉的 IOS 模式下。当文件传输完后，将自动回到命令，以前配置的信息都不会丢失。

> **注意**
> 恢复 IOS 的配置方式有很多种，常见的是上述方式，还有 xmodem 方式。

4. 调试验证

完成上述配置之后，需要重新启动路由器查看以下内容。

（1）密码是否已经恢复修改（验证成功）。

（2）路由器系统是否可以正常进入。

上述验证分开进行。

5. 要点分析

（1）交换机的恢复方式与路由器有所差异。

（2）一般有多种恢复方式，如 tftpdnld 或 xmodem。

（3）Rommon 模式属于 mini 系统，在丢失的时候用于启动这个 mini 系统。

（4）镜像文件既可以是备份的，也可以是下载的。

3.6 CDP 配置案例

1. 案例应用场景分析

Cisco 发现协议（Cisco discovery protocol）是由 Cisco 设计的专用协议，能够帮助管理员收集关于本地连接和远程连接设备的相关信息。通过使用 CDP 可以收集相邻设备的硬件和协议信息，这些信息对于故障诊断和网络文件归档非常有用。常见 CDP 获取的内容有如下几部分。

（1）获取 CDP 定时器和保持时间信息。

（2）修改 CDP 定时器与保持时间信息。

（3）收集邻居信息。

（4）收集接口流量信息。

（5）收集端口和接口信息。

2. 案例拓扑图

如图 3-13 所示进行网络连接，各设备的参数配置如表 3-6 所示。

图 3-13 CDP 配置拓扑图

表 3-6　　　　　　　　　　　接 口 配 置 信 息

设 备	接 口	IP 地 址
路由器 R1	Fa0/0	192.168.1.1/24
路由器 R2	Fa0/0	192.168.1.2/24

3．配置步骤

（1）设置路由器的基本网络。

```
R1>en
R1#conf t
Enter configuration commands, one per line.  End with CNTL/Z.
R1(config)#int fa0/0
R1(config-if)#ip add 192.168.1.1 255.255.255.0
R1(config-if)#no shut           //该命令表示启用端口
R1(config-if)#end
R2>en
R2#conf t
Enter configuration commands, one per line.  End with CNTL/Z.
R2(config)#int fa0/0
R2(config-if)#ip add 192.168.1.2 255.255.255.0
R2(config-if)#no shut           //该命令表示启用端口
R2(config-if)#end
```

（2）配置 CDP 发送时间间隔和保持时间间隔。

```
R1(config)#cdp timer 60         //发送时间间隔
R1(config)#cdp holdtime 180     //保持时间间隔

R2(config)#cdp timer 60         //发送时间间隔
R2(config)#cdp holdtime 180     //保持时间间隔
```

（3）关闭和打开接口下的 CDP。

```
R1(config)#int fa0/0
R1(config-if)#no cdp enable     //关闭该端口
R1(config-if)#cdp enable        //启动该端口

R2(config)#int fa0/0
R2(config-if)#no cdp enable     //关闭该端口
R2(config-if)#cdp enable        //启动该端口
```

（4）关闭整个路由的 CDP。

```
R1(config)#no cdp run           （关闭整个路由的 CDP）
R2(config)#no cdp run           （关闭整个路由的 CDP）
```

（5）查看 CDP。

```
R2#sh cdp nei
```

4．调试验证

完成上述配置之后，需要查看 CDP 的以下信息。

（1）获取 CDP 定时器和保持时间信息。

```
R1#show cdp
Global CDP information:
Sending CDP packets every 60 seconds
Sending a holdtime value of 180 seconds
```

（2）收集邻居信息。

```
R1#show cdp nei
      Capability Codes: R - Router, T - Trans Bridge, B - Source Route Bridge
                        S - Switch, H - Host, I - IGMP, r - Repeater

Device ID     Local Intrfce     Holdtime     Capability     Platform     Port ID
  R2            fa 0/0            161            R            2500        fa0/0
```

上述验证分开进行。

（3）查看接口流量信息。

```
R1#show cdp traffic
CDP counters :
Packets output: 750, Input: 626
Hdr syntax: 212, Chksum error: 0, Encaps failed: 0
 No memory: 0, Invalid packet: 0, Fragmented: 0
```

（4）查看端口和接口信息。

```
R1#show cdp interface
```

（5）查看单台直连设备的 CDP 信息。

```
R1#show cdp entry R2 protocol
```

习 题

理论基础知识：

1. 交换机与路由器的 CLI 命令模式主要有哪些？
2. 什么是 CDP，它的主要作用是什么？
3. 简述配置文件和 IOS 镜像备份的作用。
4. 如何配置"超级终端"的参数，使计算机能够通过 Console 口管理路由器设备？

实践操作：

1. 选择一台路由器，如 Cisco C2691、C3640 等，配置路由器的主机名为 Test，特权模式密码为"123"，使用计算机通过 Console 口为其配置远程登录服务，登录密码为"456"，连接计算机的接口 IP 地址设置为 10.10.10.1/24，计算机的 IP 地址为 10.10.10.2/24，保存配置到 NVRAM 中。

2. 在上述计算机上配置 TFTP 服务器，将当前运行的配置文件及 FLASH 中的 IOS 镜像文件保存到计算机上。

任务 4 静态路由配置

为了将信息从一个网络发送到另一个网络,设备必须要知道如何传输这些信息。IP 路由技术就是要确定一条信息从一个网络到达另一个网络的过程。在拓扑结构比较简单的网络中,静态路由设置是网络中路由配置的一种主要方式。

4.1 路由的认知

4.1.1 什么是路由

路由器用于实现网络之间的互连,当路由器收到一个数据报后,需要按照一个事先设定的路径把它送往目的网络。所以路由器必须能够了解到达各个网络的方法,这就是路由。

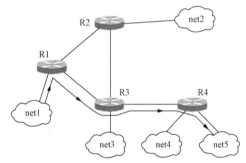

图 4-1 数据报在互连网络上的传输路径

路由器转发数据报的依据就是其内存中的路由表,它记录了到达各个目的网络的转发下一跳(next hop)路径。路由器一般采用自主学习或通过管理员手工配置的方式来形成路由表中的路由信息。

如图 4-1 所示的用路由器来实现的互连网络,其路由表如表 4-1 所示。

表 4-1 路 由 表

R1 路由表		R2 路由表		R3 路由表		R4 路由表	
目的地址	下一跳地址	目的地址	下一跳地址	目的地址	下一跳地址	目的地址	下一跳地址
net1	R1	net1	R1	net1	R1	net1	R3
net2	R2	net2	R2	net2	R2	net2	R3
net3	R3	net3	R3	net3	R3	net3	R3
net4	R3	net4	R3	net4	R4	net4	R4
net5	R3	net5	R3	net5	R4	net5	R4

假设 R1 收到一个目的地址到 net5 网络的数据报,它通过路由表将该数据报转发至 R3;R3 查自己的路由表,将该数据报转发至 R4;R4 查路由表,发现 net5 网络就连接在本路由器上,于是把数据报从对应的接口送入 net5 网络。

从上述例子中可以看出,网络中的路由器以"接力"的方式把数据报在网络中进行传递,每个路由器都需要在路由表中记录到达各个网络的"下一跳"信息。

在实际的路由表中,目的地址可以是主机地址、网络地址,或地址为全 0 的默认地址。下一跳地址可以是本路由器的接口号,也可以是对端路由器的 IP 地址。

路由器查找路由表的方法如下。

（1）搜索匹配的主机地址：搜索路由表，寻找与目的 IP 地址完全匹配的表项（网络号和主机号都匹配）。如果找到，则把报文发送给指定的下一跳路由器。

（2）搜索匹配的网络地址：搜索路由表，寻找与目的 IP 地址的网络号相匹配的表项。如果找到，则把报文发送给指定的下一跳路由器。

（3）搜索默认表项：寻找默认路由表项。如果找到，则把报文发送给表项指定的下一跳路由器。

路由器按上面的顺序匹配路由，当上述步骤都没有成功时，报文将不能被传送。

4.1.2 静态路由与默认路由的认知

根据路由器学习路由信息、生成并维护路由表的方法，包括直连路由（Direct）、静态路由（Static）和动态路由（Dynamic）。

1. 直连路由

直连路由就是与路由器直接相连的网络。这种路由在我们配置好路由器的各个接口时就自动生成了。所以我们可以认为路由器可自动识别与它直接相连的各个网络。如图 4-2 所示，路由器的三个接口分别连接了三个不同的网段：192.168.1.0/24、192.168.2.0/24 和 192.168.3.0/24。路由器会自动生成本路由器激活接口所在网段的路由条目，通过 show ip route 命令可以查看到这些直连路由信息。

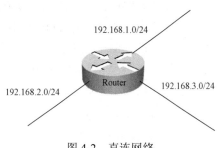

图 4-2 直连网络

```
Router#show ip route
Codes: C - connected, S - static, R - RIP, M - mobile, B - BGP
       D - EIGRP, EX - EIGRP external, O - OSPF, IA - OSPF inter area
       N1 - OSPF NSSA external type 1, N2 - OSPF NSSA external type 2
       E1 - OSPF external type 1, E2 - OSPF external type 2
       i - IS-IS, su - IS-IS summary, L1 - IS-IS level-1, L2 - IS-IS level-2
       ia - IS-IS inter area, * - candidate default, U - per-user static route
       o - ODR, P - periodic downloaded static route
Gateway of last resort is not set
C    192.168.1.0/24 is directly connected, FastEthernet0/0
C    192.168.2.0/24 is directly connected, FastEthernet0/1
C    192.168.3.0/24 is directly connected, FastEthernet0/2
```

2. 静态路由和默认路由

（1）静态路由。静态路由是由网络管理员根据网络拓扑结构，使用手工配置命令在路由器上配置的路由信息。当网络拓扑结构发生变化或链路状态发生改变时，网络管理员需要重新修改路由表中的相关静态路由信息。

使用静态路由的主要优点是配置简单；路由器无需计算即可使用，工作效率高；经过管理员指定路由后，路由的可靠性高。另外，它的网络安全保密性高，它不像动态路由需要路由器之间频繁地交换各自的路由表。因为对路由表的分析可以揭示网络的拓扑结构和网络地址等信息，从而影响网络的安全性。

静态路由的缺点是不适合大型和复杂的网络环境使用；在网络拓扑结构或链路状态发生

变化时，静态路由信息需要大范围地重新配置，增加了网络管理员的工作负担。

静态路由配置命令的格式如下。

```
Router(config)#ip route [网络编号][子网掩码][转发路由器的IP地址/本地接口]
```

静态路由描述转发路径的方式有以下两种。

1）指向本地接口，即从本地某接口发出（不推荐使用）。例如

```
Router(config)#ip route 192.168.10.0 255.255.255.0 serial 0/0
```

2）指向下一跳路由器直连接口的 IP 地址。例如

```
Router(config)#ip route 192.168.10.0 255.255.255.0 172.16.0.1
```

（2）默认路由。默认路由（Default Route），它是静态路由的一个特例。

默认路由一般使用在 stub 网络中（称末端或存根网络），stub 网络是只有 1 条出口路径的网络，它可以使路由表大大简化，提高路由器的工作效率。使用默认路由来发送那些目标网络没有包含在路由表中的数据包。

配置默认路由用如下命令：

```
Router(config)#ip route 0.0.0.0 0.0.0.0 [转发路由器的IP地址/本地接口]
```

3. 动态路由

动态路由是指路由器按照特定的路由算法自动计算得到的路由信息，它适合规模大、网络拓扑变化频繁的网络。动态路由协议有很多类型，如 RIP、OSPF 等。

在路由器上启用动态路由协议的命令格式如下：

```
Router(config)#router protocols        //protocols为具体的路由协议
```

4.2 静态路由配置案例

1. 案例应用场景分析

静态路由配置适合于小规模网络，它需要网络管理员采用手工管理方式来配置网络中的路由。如果在大规模网络中来使用这种配置方式，管理的工作量将会非常大。但是，在一些小规模网络中，拓扑结构简单且基本稳定时，使用静态路由具有很多优势，主要体现在以下几个方面。

（1）不需要额外的网络带宽。在静态路由工作模式下，路由表由管理员手工配置，不需要通过路由器之间交换路由信息来形成。因此，不会给网络增加额外的带宽负载，从而也可以提高企业网络的性能。

（2）安全性高。网络管理员可以有选择地配置允许访问的某个网络中的静态路由，而没有设置静态路由的网络则不允许访问。这在一定程度上提高了对某些网络的安全性。

（3）可以提高路由器性能。使用静态路由时，路由器不需要计算路由表，其 CPU 和内存的额外开销都相对比较低。因此，数据处理的性能将会提高。

2. 案例拓扑图

如图 4-3 所示，在 C3640 路由器上添加串口模块（如 NM-4T），R1 路由器的 S0/0 接口与 R2 的 S0/0 接口连接，R2 路由器的 S0/1 接口与 R3 的 S0/1 接口连接；分别在三个路由器上创建回环接口 Loopback 0（简写 lo0）；各个接口的 IP 地址分配如表 4-2 所示。

图 4-3　静态路由配置拓扑图

表 4-2　　　　　　　　　各 个 接 口 地 址 配 置

设备	接口	IP 地址	设备	接口	IP 地址
R1	S0/0	192.168.10.1/24	R2	S0/0	192.168.10.2/24
R2	S0/1	192.168.20.1/24	R3	S0/1	192.168.20.2/24
R1	Lo0	1.1.1.1/24	R2	Lo0	2.2.2.2/24
R3	Lo0	3.3.3.3/24			

3．配置步骤

（1）各个路由器接口的 IP 地址等基本网络参数配置。在路由器 R1、R2、R3 上分别进行配置，保证直连链路的连通性。

1）R1 路由器配置。

```
R1(config)#int loopback 0
R1(config-if)#ip address 1.1.1.1 255.255.255.0
R1(config)#int s 0/0
R1(config-if)#ip address 192.168.10.1 255.255.255.0
R1(config-if)#no shutdown
```

2）R2 路由器配置。

```
R2(config)#int loopback0
R2(config-if)#ip address 2.2.2.2 255.255.255.0
R2(config)#int s 0/0
R2(config-if)#clock rate 128000          //假设该接口为 DCE 接口，设置其时钟频率
R2(config-if)#ip address 192.168.10.2 255.255.255.0
R2(config-if)#no shutdown
R2(config-if)#int s 0/1
R2(config-if)#ip address 192.168.20.1 255.255.255.0
R2(config-if)#no shutdown
```

3）R3 路由器配置。

```
R3(config)#int loopback 0
R3(config-if)#ip address 3.3.3.3 255.255.255.0
R3(config)#int s 0/0                     //假设该接口为 DCE 接口，设置其时钟频率
R3(config-if)#clock rate 128000
R3(config-if)#ip address 192.168.20.2 255.255.255.0
R3(config-if)#no shutdown
```

（2）配置各个路由器的静态路由。

1）配置 R1 路由器的静态路由。

```
R1(config)#ip route 192.168.20.0 255.255.255.0 192.168.10.2
R1(config)#ip route 2.2.2.0 255.255.255.0 192.168.10.2
```

```
R1(config)#ip route 3.3.3.0 255.255.255.0 192.168.10.2
```

2）配置 R2 路由器的静态路由。

```
R2(config)#ip route 1.1.1.0 255.255.255.0 192.168.10.1
R2(config)#ip route 3.3.3.0 255.255.255.0 192.168.20.2
```

3）配置 R3 路由器的静态路由。

```
R3(config)#ip route 192.168.10.0 255.255.255.0 192.168.20.1
R3(config)#ip route 1.1.1.0 255.255.255.0 192.168.20.1
R3(config)#ip route 2.2.2.0 255.255.255.0 192.168.20.1
```

4. 调试验证

（1）检查路由信息配置情况。完成上述静态路由配置后，可以通过 show ip route 命令查看路由器中是否已经存在这些配置信息，即路由表。

```
R1#show ip route                  //在 R1 上查看静态路由配置信息
Codes; C - connected, S - static, I - IGRP, R - RIP, M - mobile, B - BGP
       D - EIGRP, EX - EIGRP external, O - OSPF, IA - OSPF inter area
       N1 - OSPF NSSA external type 1, N2 - OSPF NSSA external type 2
       E1 - OSPF external type 1, E2 - OSPF external type 2, E - EGP
       i - IS-IS, L1 - IS-IS level-1, L2 - IS-IS level-2, ia - IS-IS inter area
       * - candidate default, U - per-user static route, o - ODR
       P - periodic downloaded static route
Gateway of last resort is not set
    1.0.0.0/24 is subnetted, 1 subnets
C      1.1.1.0 is directly connected, Loopback0
    2.0.0.0/24 is subnetted, 1 subnets
S      2.2.2.0 [1/0] via 192.168.10.2
    3.0.0.0/24 is subnetted, 1 subnets
S      3.3.3.0 [1/0] via 192.168.10.2
C   192.168.10.0/24 is directly connected, Serial0/0
S   192.168.20.0/24 [1/0] via 192.168.10.2
R2#show ip route                  //在 R2 上查看静态路由配置信息，结果省略
R3#show ip route                  //在 R3 上查看静态路由配置信息，结果省略
```

（2）测试验证各个网络的连通性。在各个路由器上分别 ping 非直连网络中相关接口的 IP 地址，检查其连通性。如果都能测试成功，则说明静态路由配置成功。

1）测试 R1 与 R2、R3 连通性。

```
R1#ping 2.2.2.2 source loopback 0
//从路由器 R1 的 loopback 0 接口可以 ping 路由器 R2 的 loopback 0 接口
Type escape sequence to abort.
Sending 5, 100-byte ICMP Echos to 2.2.2.2, timeout is 2 seconds;
Packet sent with a source address of 1.1.1.1
!!!!!                                              //感叹号说明链路是连通的
Success rate is 100 percent (5/5), round-trip min/avg/max = 12/14/16 ms
R1#ping 3.3.3.3 source loopback 0                  //显示结果省略
```

2）测试 R2 与 R1、R3 连通性。

```
R2#ping 1.1.1.1 source loopback 0                  //显示结果省略
R2#ping 3.3.3.3 source loopback 0                  //显示结果省略
```

（3）测试 R3 与 R1、R2 连通性。

```
R3#ping 1.1.1.1 source loopback 0            //显示结果省略
R3#ping 2.2.2.2 source loopback 0            //显示结果省略
```

5. 要点分析

在路由表信息中，常用的几种路由信息代表符号的信息表示，如表 4-3 所示。

表 4-3　　　　　　　　　　路由信息代表符号

符号	代表的路由信息	符号	代表的路由信息
C	直连路由	S	静态路由
R	RIP 动态路由	O	OSPF 动态路由
S*	默认路由	B	BGP 边界网关路由

4.3 默认路由配置案例

1. 案例应用场景分析

默认路由配置适合于外网出口，当内部的路由、IP 地址段过多的时候，在通往外网的地址可以采用默认路由的方式进展。优势如下。

（1）配置简单。

（2）优化路由，路由表的内容减少。

2. 案例拓扑图

本案例拓扑采用如图 4-3 所示相同的拓扑结构和如表 4-2 所示的接口 IP 地址参数配置。

3. 配置步骤

（1）各个路由器接口的 IP 地址等基本网络参数配置。参数配置与上述案例相同，步骤省略。如果在前面设置了静态路由的环境下要完成本案例，则需要删除静态路由。删除步骤如下。

```
R1(config)#no ip route 192.168.20.0 255.255.255.0 192.168.10.2
R1(config)#no ip route 2.2.2.0 255.255.255.0 192.168.10.2
R1(config)#no ip route 3.3.3.0 255.255.255.0 192.168.10.2
R2(config)#no ip route 1.1.1.0 255.255.255.0 192.168.10.1
R2(config)#no ip route 3.3.3.0 255.255.255.0 192.168.20.2
R3(config)#no ip route 192.168.10.0 255.255.255.0 192.168.20.1
R3(config)#no ip route 1.1.1.0 255.255.255.0 192.168.20.1
R3(config)#no ip route 2.2.2.0 255.255.255.0 192.168.20.1
```

（2）配置各路由器的默认路由。

1）配置 R1 路由器的默认态路由。

```
R1(config)#ip route 0.0.0.0 0.0.0.0 192.168.10.2
```

2）配置 R2 路由器的静态路由。

```
R2(config)#ip route 1.1.1.0 255.255.255.0 192.168.10.1
R2(config)#ip route 3.3.3.0 255.255.255.0 192.168.20.2
```

3）配置 R3 路由器的默认态路由。

```
R1(config)#ip route 0.0.0.0 0.0.0.0 192.168.20.1
```

4. 调试验证

与静态路由的测试方法相同，不再赘述。

5. 要点分析

在 R2 路由器上，我们仍采用了静态路由配置，而不是默认路由。主要原因是，一个路由表中，默认路由只能有一个路由表项，而 R2 路由器到达 1.1.1.0/24 和 3.3.3.0/24 的两个网络时，必须走两个不同的接口才能出去，即必须要建立两个路由表项来到达这两个不同的目的网络。因此，在此没有必要设置默认路由。

习　　题

理论基础知识：

1．什么是静态路由？它适合使用的场合有哪些？

2．两台路由器通过串行接口连接，其遵循的标准是什么？两端应该如何设置？

3．什么情况下可以设置默认路由？

4．通过 show ip route 命令可以查看什么？如何鉴别静态路由和默认路由项？

实践操作：

1．将三台路由器（如 C2691、C3640 等）通过两条串行链路进行连接，两条串行链路都设置不同的网段，三个路由器上分别设置三个回环接口。通过设置静态路由，使得在任何一个路由器上都能 ping 通任何一个接口地址。

2．接上题，删除上述静态路由，然后设置默认路由完成上述 ping 测试要求。

任务 5　动态路由配置

在大型、复杂的网络中，通常要使用动态路由来实现网络的互通。动态路由的配置比静态路由要稍微复杂些，不同的动态路由协议的配置方法也有所不同。本任务将主要介绍动态路由的特点及典型的动态路由协议 RIP、EIGRP 和 OSPF 的应用与配置。

5.1　动态路由的认知

5.1.1　什么是动态路由

动态路由是网络中的路由器之间相互通信，传递路由信息，利用收到的路由信息更新路由器表的过程。它能实时地适应网络结构的变化。如果路由更新信息表明发生了网络变化，路由选择软件就会重新计算路由，并发出新的路由更新信息。这些信息通过各个网络，引起各路由器重新启动其路由算法，并更新各自的路由表以动态地反映网络拓扑变化。动态路由适用于网络规模大、网络拓扑复杂的网络。

各种动态路由协议的不足是它在计算路由时，需要不同程度地占用网络带宽和 CPU 资源。

5.1.2　动态路由协议的分类

1. 距离矢量路由协议和链路状态路由协议

动态路由选择协议可以按照它们互相通信，以确定路由选择信息表的方式进行分类。动态路由选择的两种类型是距离矢量路由协议和链路状态路由协议。

（1）距离矢量路由协议。距离矢量路由协议也称为 Bellman-Ford 协议。距离矢量协议路由器定期向相邻路由器发送两条消息：①到达目的网络所经过的跳数，使用的度，或者网络的数量；②下一跳是谁，或者达到目的网络要使用的方向（矢量）。

每个采用距离矢量路由协议的路由器都维护一张矢量表，其中列出了当前已知的到每个目标的最短距离及其所使用的线路。通过在邻居间相互交换路由信息，路由器会不断更新其内部的路由表。

基于距离矢量路由协议主要有 RIP、IGRP、EIGRP 等。这些路由协议的通用属性如下。

1) 定期更新：在特定的时间周期内发送路由更新信息（EIGRP 除外）。
2) 邻居：指共享相同数据链路的路由器。
3) 广播更新：路由更新信息通过广播（255.255.255.255）发送（某些距离矢量路由协议使用组播地址）。
4) 整个路由表更新：定期向所有邻居发送整个路由表更新。
5) 路由失效计时器。
6) 水平分割：一种在两台路由之间阻止逆向路由的技术。
7) 计数到无穷大。
8) 触发更新：当路由收敛后，如果某个路由器得知自己直连的一条链路的度量变化了，则该路由器将立即发送更新信息，而不必等到更新计时器到期再发送。

9）抑制计时器：触发更新为正在进行收敛的网络增加了应变能力，为了降低接受错误路由信息的可能性，引入了抑制计时器。如果发现到达某个目标的度量值发生改变，则路由器会将该条路由项设置为抑制状态，直到计时器到期后，路由器才会接受有关该路由的信息。

10）异步更新：每个路由器都共享一个广播网络时，很有可能会出现更新同步的情况。即几个路由器更新时间同时到期，同时更新。这样容易造成报文的碰撞。而异步更新则可以解决这一问题。

（2）链路状态路由协议。链路状态路由协议又称为最短路径优先协议，它基于 Dijkstra 的最短路径优先（SPF）算法。

链路状态路由协议与距离矢量路由协议的平面式不同，它是一个层次式的路由协议。在路由的计算工程中，它只是通告邻居一些链路状态的信息。运行链路状态路由协议的路由器不是简单地从相邻的路由器学习路由，而是将路由器分成区域，收集区域内所有路由器的链路状态信息，并根据这些信息来生成网络拓扑结构，每个路由器再依据该拓扑结构计算出最短路径（最优路由）。

链路状态路由协议的工作过程如下。

1）了解直连网络：每个路由器都需要了解与其直连的网络。正确配置各个接口 IP 地址和子网掩码后启用这些接口，并通过 network 命令来宣告其直连网络。

2）向邻居发送 Hello 数据包：路由器使用 Hello 数据包来发现与其相连链路上的所有邻居节点，并建立一种邻接关系（所谓的邻居是指启用了相同的链路状态路由协议的其他任何路由器）。邻接的邻居之间持续交换 Hello 数据包，以此实现"Keep Alive（保持存活）"功能来监控邻居的状态。如果路由器不再收到某邻居的 Hello 数据包，则认为该邻居已不存在或无法到达。此时，该邻接关系将被解除。

3）建立链路状态数据包：每个路由器都会创建一个链路状态数据包（LSP），其中包含了该路由器直连的每条链路的状态。邻接关系一旦建立，LSP 即可被创建，并只向建立邻接关系的路由器发送链路状态数据包，其中包含与该链路相关的链路状态信息、序列号和过期信息等。

4）将 LSP 洪泛给邻居：每个路由器将 LSP 洪泛到所有邻居，邻居将收到的所有 LSP 存储到自己的数据库中。随后，各个邻居会再将 LSP 洪泛给邻居，这样一直传递下去，直到区域中的所有路由器都收到了这些 LSP 后才结束。每个路由器都会在本地数据库中存储邻居传送过来的 LSP 的副本。LSP 在路由器初始启动时、路由计算过程中、网络拓扑发生更改时及邻接关系建立或断开时进行发送，而不需要定期发送。

5）建立链路状态数据库：每个路由器使用本地数据库中的链路状态信息来构建一个完整的网络拓扑并计算通向每一个目的网络的最佳路径。

基于链路状态路由协议主要有 OSPF、IS-IS 等。

2. 内部网关协议和外部网关协议

在大型网络中，例如 Internet，极小的互连网络分解为自治系统。每个 AS（Autonomous System）被认为是一个自我管理的互连网络。连接到 Internet 上的大型公司网络是自己拥有的自治系统，因为 Internet 上的其他主机并不由它来管理，而且它和 Internet 路由器并不共享内部路由选择信息。通过相同的令牌，Internet 上没有其他的系统可以管理那个公司网络，它们也不会和公司的自治系统共享它们的路由选择信息。

一般路由选择协议是在一个自治系统内部为管理系统而开发的。它们也称为内部网关协议（Interior Gateway Protocol，IGP）。内部网关协议也称为域内协议，因为它们工作在域内，而不是在域之间。这些协议认为，它们所处理的路由器是它们系统的一部分，并且可以自由交换路由选择信息。

一般的路由选择协议也是为在一个较大的互连网络中连接自治系统而开发的，它们称为外部网关协议(Exterior Gateway Protocol，EGP)。外部网关协议就是所谓的域间协议，因为它们工作在域之间。这些协议认为，它们在系统的边缘上，而且仅仅交换必需的最少的信息，以维持对信息提供路由的能力。

内部网关协议与外部网关协议的关系如图 5-1 所示。

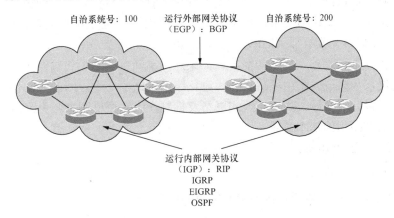

图 5-1　内部网关协议与外部网关协议

5.1.3　典型的动态路由协议

动态路由协议有很多种类，根据不同的应用场合可以选择不同类型的动态路由协议。目前应用比较多的动态路由协议主要有 RIP、EIGRP 和 OSPF 等。

1. RIP 路由协议

（1）RIP 路由协议简介。RIP（Routing Information Protocol，路由信息协议）是一个应用较早，使用也比较普遍的动态路由协议，它属于内部网关协议，适合在小规模网络的一个 AS 内部进行应用。RIP 路由协议基于距离矢量算法，它使用跳数（hop count）作为度量值（metric）来衡量到达目的地的路由距离。目前 RIP 主要应用的版本有 RIPv1 和 RIPv2。

RIPv1 和 RIPv2 都具备以下特性:

1）属于距离矢量路由协议。
2）使用跳数作为度量值。
3）路由更新周期默认为 30s。
4）管理距离（AD）为 120。
5）最大跳数为 15。
6）支持触发更新。
7）支持等价路径，默认 4 条，最大 6 条。
8）使用 UDP 的 520 端口进行路由更新。

如表 5-1 所示为 RIPv1 和 RIPv2 的主要区别。

表 5-1　　　　　　　　　　　　　RIPv1 和 RIPv2 的主要区别

RIPv1	RIPv2
有类路由协议	无类路由协议
不支持 VLSM 和 CIDR	支持 VLSM 和 CIDR
不支持路由手工汇总	支持路由手工汇总
广播更新	组播更新
不支持认证功能	支持认证，并有明文和 MD5 两种

（2）RIP 路由协议的基本工作原理。RIP 使用两种数据包进行路由的更新，即"更新"和"请求"数据包。在默认情况下，每个启用 RIP 路由协议的路由器每隔 30s 会与它直连的网络邻居广播（RIPv1）或组播（RIPv2）路由更新。

RIP 路由器并不了解整个网络的情况，如果路由更新在网络上传输得慢，则会导致网络的收敛速度变慢，从而造成路由环路。为了避免路由环路的产生，RIP 路由协议一般采用水平分割、毒性反转、定义最大跳数、闪式更新及抑制计时 5 个机制来避免路由环路。

（3）启用 RIP 路由的基本命令。

1）声明使用动态路由协议。

```
Router(config)#route rip
```

2）在网络上宣告路由器所直接连接的网段的命令。

```
Router(config-router)#network 网络号
```

3）如果要使用 RIPv2 路由协议，则只需在路由器的 RIP 路由里使用。

```
Router(config-router)#version 2
```

4）查看运行的路由协议信息。

```
Router#show ip protocols
```

5）在网络上删除路由器所直接连接的网段的命令。

```
Router(config-router)#no network 网络号
```

6）删除 RIP。

```
Router(config)#no route rip
```

2. EIGRP 路由协议

（1）EIGRP 路由协议简介。增强型内部网关路由协议 EIGRP（Enhanced Interior Gateway Routing Protocol）是 Cisco 的专有路由协议。它源于距离矢量路由协议 IGRP，综合了距离矢量路由协议和链路状态路由协议的优点，采用了扩散更新算法（DUAL）来实现快速收敛。它可以不发送定期的路由更新信息，这可以减少网络带宽的占用。

（2）EIGRP 路由协议的特点。

1）支持可变长子网掩码（VLSM）、无类别路由（CIDR）及不连续子网。

2）无路由环路。

3）根据链路状态来计算到达目的地的最优路由。

4）使用依存模块 PDM（Protocol-Dependent Modules）支持不同的网络协议，为不同网络层数据提供路由，如 IP 模块、IPX 模块及 AppleTalk 模块。

5）适合大规模、多协议类型的网络。

6）不采用定期发送路由更新的方法，而使用增量更新机制，提高了链路带宽的利用率。

7）路由器可以有到达目的地的备用路由，当主路由不可用时，可以很快切换到备用路由。

8）默认情况下，在主类网络边界自动归纳路由，也允许在路由器的任意接口、任意比特位边界上手工归纳路由。

9）支持等价和非等价的负载均衡。

10）使用可靠传输协议 RTP（Reliable Transport Protocol）来保证路由信息传输的可靠性。

（3）EIGRP 路由协议的工作过程。EIGRP 路由协议的运行类似于 OSPF，具体的工作过程如下。

1）发现邻居和建立邻居关系。

2）建立网络拓扑结构数据库。

3）更具数据库的信息来计算路由表。

（4）配置 EIGRP 路由协议。

1）在路由器上启用 EIGRP 路由协议，并指定它工作的自治系统（AS）号。

```
Router(config)#router eigrp as-number
```

as-number 的取值范围为 1~65 535。互相交换路由信息的路由器其取值必须相同。

2）指示哪些接口参与 EIGRP 的运行。

```
Router(config-router)#network network-number [wildcard-mask]
```

network-number 为网络号，地址在该网络内的接口参与 EIGRP 的运行，它也可以是一个具体的接口地址，但必须使用通配符掩码。

wildcard-mask 为通配符掩码，和网络号一起确定哪些接口参与 EIGRP 的运行。

3. OSPF 路由协议

（1）OSPF 路由协议简介。OSPF（Open Shortest Path First）路由协议是由 IETF（Internet 工程任务组）在 20 世纪 80 年代末期开发的。

OSPF 路由协议是一种典型的链路状态路由协议，它适用于自治系统（Autonomous System，AS）内部，属于内部网关协议。作为一种链路状态路由协议，OSPF 路由协议将链路状态通告 LSA（Link State Advertisement）发送给某个区域内的所有路由器。采用 OSPF 路由协议的路由器需要维护三张表，即邻居表、拓扑表和路由表。通过这三张表，每个路由器都可以独立地获得前往每个目的地的路由，而不像距离矢量协议那样需依靠邻居来发现路由。它的主要特点如下。

1）引入了"分层路由"的概念，可以将网络划分成若干个相互独立的区域（Area），这样可以有效地减少路由协议对路由器的 CPU 和内存资源的消耗，还可以降低链路的负载。

2）可适用于中小规模，甚至是大规模的网络。

3）支持 CIDR 和 VLSM。

4）支持使用多条路由路径的效率更高的等价负载均衡技术。

5）使用组播来减小对非使用 OSPF 协议设备的影响。

6）支持更安全的路由选择认证机制。

7）不存在路由环路。

（2）OSPF 的路由更新过程。

1）路由器从所有启用 OSPF 路由协议的接口向外发送 Hello 数据包。如果两个路由器共享一条数据链路，并能使 Hello 数据包中所定义的参数协商成功，则这两个路由器就可以成为邻居（Neighbor）。

2）两个邻居之间形成的虚拟的点对点链路可以称为邻接（Adjacency）关系。每个路由器都发送 LSA 给它的邻居，其中包括所有路由器的链路、接口信息及链路状态信息等。

3）路由器接收到邻居发送过来的 LSA 后，就把该 LSA 记录在自己的链路状态数据库（Link State Database，LSDB）中，接着再将该 LSA 的副本继续发送给其他的邻居。

4）通过在整个区域中洪泛 LSA，所有路由器都将建立一致的 LSDB。路由器等到 LSDB 信息同步完成后，再使用 SPF 算法来计算到达目的节点的最优路径。

5）路由器根据 SPF 算法计算得到的结果来构建自己的路由表，邻居之间交换的 Hello 数据包称为 keepalive，并且每隔 30min 重传一次 LSA。

（3）OSPF 的网络类型。根据路由器所连接的物理网络不同，可以将 OSPF 的网络类型分为以下四种。

1）广播多路访问型（Broadcast MultiAccess），如 Ethernet、Token Ring、FDDI 等网络，如图 5-2 所示。

2）点对点型（Point-to-Point），如 PPP、HDLC 等网络，如图 5-3 所示。

3）非广播多路访问型（None Broadcast MultiAccess，NBMA），如 Frame Relay、X.25 等网络，如图 5-4 所示。

4）点到多点型（Point-to-MultiPoint）。

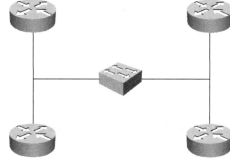

图 5-2 广播多路访问型

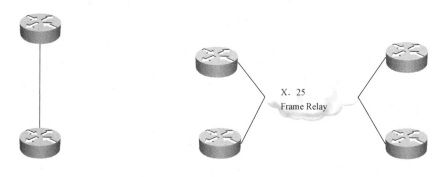

图 5-3 点对点型　　　　　　　　　图 5-4 非广播多路访问型

（4）配置 OSPF 路由的基本命令。

1）启用 OSPF 路由协议。

```
Router(config)#router ospf process-id
```

process-id 是进程号,范围是 1~65 535。在同一个使用 OSPF 路由协议的网络中的不同路由器可以使用不同的进程号,一台路由器可以启用多个 OSPF 进程。

2)宣告路由器的直连网段。

`Router(config-router)#network address wildcard-mask area area-id`

Address 可以是网段、子网或接口的地址,wildcard-mask 称为通配符掩码,它和子网掩码正好相反,area-id 是区域号,它的范围是 0~4 294 967 295,区域 0 是指骨干区域,OSPF 路由协议在宣告直连网段的时候必须指明其所属的区域,在单区域的 OSPF 配置中,区域号必须为 0。

3)更改路由器优先级。

`Router(config-if)ip ospf priority number`

启用 OSPF 路由协议的路由器之间会比较各自的优先级,优先级高的路由器将成为 DR,优先级范围为 0~255,其中优先级为 0 时,该路由器不能成为 DR。路由器上默认的优先级为 1。

4)查看 OSPF 路由协议配置。

`Router#show ip ospf`

显示链路状态更新的时间间隔及网络收敛的次数等信息。

`Router#show ip ospf interface`

检查接口是否被配置在相应的区域里,另外也可以看到该接口所连接的邻居及在接口上的 hello-interval 和 dead-interval。

`Router#show ip ospf neighbor detail`

显示邻居的详细信息的列表,包括它们的优先级和当前的状态。

5.2 RIP 路由协议配置案例

5.2.1 RIPv1 和 RIPv2 路由协议配置

1. 案例应用场景分析

RIP 路由配置适合中小型网络,采用路由宣告的方式来通告邻居建立路由表。初始化时,路由器通过所有运行了 RIP 的接口广播请求信息,邻居收到之后及时响应。如果是新路由则添加至自己的路由表,或者通知的条数比已经学到的小,则替换路由表。RIP 路由是一条一条地学习与更新的。

在 OSPF 等新的路由技术未出现之前,RIP 的应用非常广泛,因为它不需要额外手工添加。但是 RIP 有其局限,没有办法实现超过 16 跳的路由宣告。

2. 案例拓扑图

如图 5-5 所示,三个 C3640 路由器组建一个基于 RIP 路由协议的网络拓扑,各个设备的接口 IP 地址参数配置如表 5-2 所示。

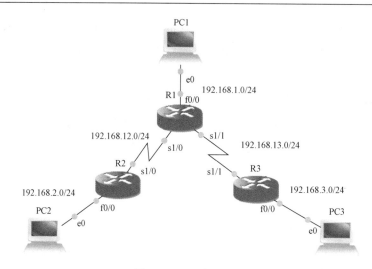

图 5-5 RIP 路由配置

表 5-2　　　　　　　　　　RIP 路由各个接口地址配置

设备	接口	IP 地址	设备	接口	IP 地址
R1	S1/0	192.168.12.1/24	R2	S1/0	192.168.12.2/24
R1	S1/1	192.168.13.1/24	R3	S1/1	192.168.13.3/24
R1	f0/0	192.168.1.1/24	PC1	e0	192.168.1.2/24
R2	f0/0	192.168.2.1/24	PC2	e0	192.168.2.2/24
R3	f0/0	192.168.3.1/24	PC3	e0	192.168.3.2/24

3．配置步骤

（1）路由器接口 IP 地址配置。

1）R1 路由器接口配置。

```
R1#conf terminal
R1(config)#int ser 1/0
R1(config-if)#ip add 192.168.12.1 255.255.255.0
R1(config-if)#no sh
R1(config-if)#exit
R1(config)#int fa 0/0
R1(config-if)#ip add 192.168.1.1 255.255.255.0
R1(config-if)#no sh
R1(config-if)#exit
R1(config)#int ser 1/1
R1(config-if)#ip add 192.168.13.1 255.255.255.0
R1(config-if)#no sh
R1(config-if)#clock rate 64000
R1(config-if)#exit
```

2）R2 路由器接口配置。

```
R2#conf terminal
R2(config)#int fa 0/0
R2(config-if)#ip add 192.168.2.1 255.255.255.0
```

```
R2(config-if)#no sh
R2(config-if)#exit
R2(config)#int ser 1/0
R2(config-if)#ip add 192.168.12.2 255.255.255.0
R2(config-if)#no sh
R2(config-if)#clock rate 64000
R2(config-if)#exit
```

3）R3 路由器接口配置。

```
R3#conf terminal
R3(config)#int fa 0/0
R3(config-if)#ip add 192.168.3.1 255.255.255.0
R3(config-if)#no sh
R3(config-if)#exit
R3(config)#int ser 1/1
R3(config-if)#ip add 192.168.13.3 255.255.255.0
R3(config-if)#no sh
R3(config-if)#exit
```

（2）RIPv1 路由配置。

1）R1 路由器的 RIP 配置。

```
R1(config)#router rip
R1(config-router)#network 192.168.1.0
R1(config-router)#network 192.168.12.0
R1(config-router)#network 192.168.13.0
R1(config-router)#exit
R1(config)#
```

2）R2 路由器的 RIP 配置。

```
R2(config)#router rip
R2(config-router)#network 192.168.2.0
R2(config-router)#network 192.168.12.0
R2(config-router)#exit
R2(config)#
```

3）R3 路由器的 RIP 配置。

```
R3(config)#router rip
R3(config-router)#network 192.168.3.0
R3(config-router)#network 192.168.13.0
R3(config-router)#exit
R3(config)#
```

（3）检查路由表。分别在 R1、R2 和 R3 上检查 RIP 路由表。在 R2 检查的路由信息如下。

```
R2#show ip route
Codes: C - connected, S - static, R - RIP, M - mobile, B - BGP
       D - EIGRP, EX - EIGRP external, O - OSPF, IA - OSPF inter area
       N1 - OSPF NSSA external type 1, N2 - OSPF NSSA external type 2
       E1 - OSPF external type 1, E2 - OSPF external type 2
       i - IS-IS, su - IS-IS summary, L1 - IS-IS level-1, L2 - IS-IS level-2
```

```
        ia - IS-IS inter area, * - candidate default, U - per-user static route
        o - ODR, P - periodic downloaded static route
Gateway of last resort is not set
C    192.168.12.0/24 is directly connected, Serial1/0
R    192.168.13.0/24 [120/1] via 192.168.12.1, 00:00:15, Serial1/0
R    192.168.1.0/24 [120/1] via 192.168.12.1, 00:00:16, Serial1/0
C    192.168.2.0/24 is directly connected, FastEthernet0/0
R    192.168.3.0/24 [120/2] via 192.168.12.1, 00:00:07, Serial1/0
```

（4）启用 RIPv2 路由协议并关闭路由自动汇总功能。

```
R1(config)#router rip
R1(config-router)#version 2
R1(config-router)#no auto-summary
R2(config)#router rip
R2(config-router)#version 2
R2(config-router)#no auto-summary
R3(config)#router rip
R3(config-router)#version 2
R3(config-router)#no auto-summary
```

4. 调试验证

（1）测试连通性。配置 PC1、PC2 和 PC3 的 IP 地址和网关，并在 PC2 上测试与 PC1、PC3 的连通状况。

（2）Debug 调试 RIP 路由信息的交换。

```
R1#debug ip rip
RIP protocol debugging is on
  *Mar  1 01:41:17.859: RIP: received v2 update from 192.168.13.3 on Serial1/1
  *Mar  1 01:41:17.863:      192.168.3.0/24 via 0.0.0.0 in 1 hops
  *Mar  1 01:41:25.083: RIP: received v2 update from 192.168.12.2 on Serial1/0
  *Mar  1 01:41:25.083:      192.168.2.0/24 via 0.0.0.0 in 1 hops
  *Mar  1 01:41:29.279: RIP: sending v2 update to 224.0.0.9 via FastEthernet0/0
(192.168.1.1)
    *Mar  1 01:41:29.279: RIP: build update entries
    *Mar  1 01:41:29.279:      192.168.2.0/24 via 0.0.0.0, metric 2, tag 0
    *Mar  1 01:41:29.279:      192.168.3.0/24 via 0.0.0.0, metric 2, tag 0
    *Mar  1 01:41:29.283:      192.168.12.0/24 via 0.0.0.0, metric 1, tag 0
    *Mar  1 01:41:29.283:      192.168.13.0/24 via 0.0.0.0, metric 1, tag 0
  *Mar  1 01:41:30.671: RIP: sending v2 update to 224.0.0.9 via Serial1/0
(192.168.12.1)
    *Mar  1 01:41:30.671: RIP: build update entries
    *Mar  1 01:41:30.671:      192.168.1.0/24 via 0.0.0.0, metric 1, tag 0
    *Mar  1 01:41:30.671:      192.168.3.0/24 via 0.0.0.0, metric 2, tag 0
    *Mar  1 01:41:30.675:      192.168.13.0/24 via 0.0.0.0, metric 1, tag 0
  *Mar  1 01:41:32.911: RIP: sending v2 update to 224.0.0.9 via Serial1/1
(192.168.13.1)
    *Mar  1 01:41:32.911: RIP: build update entries
    *Mar  1 01:41:32.911:      192.168.1.0/24 via 0.0.0.0, metric 1, tag 0
    *Mar  1 01:41:32.911:      192.168.2.0/24 via 0.0.0.0, metric 2, tag 0
    *Mar  1 01:41:32.915:      192.168.12.0/24 via 0.0.0.0, metric 1, tag 0
```

从上述 R1 接收到的 RIP 路由信息可以看到从 R2 和 R3 相邻接口接收到的路由更新信息，以及发送给 R2 和 R2 的路由更新信息。

5．要点分析

在 RIPv2 中启用"no auto-summary"可以将路由器的路由自动汇总功能关闭。如果启用了路由自动汇总功能，则路由器会将路由信息自动汇总到有类边界，如 10.0.0.0/8、172.16.0.0/16 及 192.168.0.0/24。例如，路由器 R2 有一条 10.1.1.0.24 的路由，如果在 RIPv2 种启用了"no auto-summary"，则 RIPv2 在传输这条路由信息时，会以 10.1.1.0/24 传递出去。否则，如果启用了"auto-summary"，则会以 10.0.0.0/8 传递出去。

在 RIPv1 中默认使用的是"auto-summary"，且不支持"no auto-summary"路由自动汇总功能。

5.2.2 浮动静态路由配置

1．案例应用场景分析

一般情况下，静态路由的优先级要高于动态路由。如果在同一个环境中既设置了静态路由又设置了动态路由（如 RIP、OSPF 等），则路由器会选择静态路由。但是，有时候，在某些路由中，需要使用动态路由作为主要路由，而静态路由作为备份路由。这样可以使路由的可靠性更高。

本案例中通过改变静态路由的默认管理距离（默认值为 1）来实现 RIP 动态路由和静态路由之间进行浮动路由配置。

2．案例拓扑图

如图 5-6 所示，两个 C2691 路由器之间分别通过串行接口和快速以太网接口进行互连，两台 PC 分别连接到两个路由器的快速以太网接口上。每个接口的 IP 地址参数配置如表 5-3 所示。

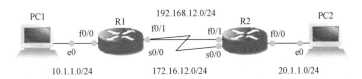

图 5-6 浮动静态路由

表 5-3　　　　　　　　浮动静态路由各个接口 IP 地址配置

设备	接口	IP 地址	设备	接口	IP 地址
R1	S0/0	172.16.12.1/24	R2	S0/0	172.16.12.2/24
R1	f0/1	192.168.12.1/24	R2	f0/1	192.168.12.2/24
R1	f0/0	10.1.1.1/24	PC1	e0	10.1.1.2/24
R2	f0/0	20.1.1.1/24	PC2	e0	20.1.1.2/24

3．配置步骤

（1）路由器接口 IP 地址配置。

1）R1 路由器接口配置。

```
R1#conf t
R1(config)#int fa 0/0
R1(config-if)#ip add 10.1.1.1 255.255.255.0
```

```
R1(config-if)#no sh
R1(config-if)#exit
R1(config)#int ser 0/0
R1(config-if)#ip add 172.16.12.1 255.255.255.0
R1(config-if)#no sh
R1(config-if)#clock rate 64000
R1(config-if)#exit
R1(config)#int fa 0/1
R1(config-if)#ip add 192.168.12.1 255.255.255.0
R1(config-if)#no sh
R1(config-if)#exit
```

2）R2 路由器接口配置。

```
R2#conf t
R2(config)#int fa 0/0
R2(config-if)#ip add 20.1.1.1 255.255.255.0
R2(config-if)#no sh
R2(config-if)#exit
R2(config)#int ser 0/0
R2(config-if)#ip add 172.16.12.2 255.255.255.0
R2(config-if)#no sh
R2(config-if)#exit
R2(config)#int fa 0/1
R2(config-if)#ip add 192.168.12.2 255.255.255.0
R2(config-if)#no sh
R2(config-if)#exit
```

（2）RIP 路由配置。将两个以太网网段 10.1.1.0/24 和 192.168.12.0/24 配置为 RIP 动态路由，配置步骤如下。

1）R1 路由器的 RIP 配置。

```
R1(config)#router rip
R1(config-router)#version 2                    //启用 RIPv2
R1(config-router)#no auto-summary              //关闭自动汇总功能
R1(config-router)#network 10.1.1.0             //在 10.1.1.0 网段启用 RIP 路由
R1(config-router)#network 192.168.12.0         //在 192.168.12.0 网段启用 RIP 路由
R1(config-router)#exit
```

2）R2 路由器的 RIP 配置。

```
R2(config)#router rip
R2(config-router)#version 2
R2(config-router)#no auto-summary
R2(config-router)#network 20.1.1.0
R2(config-router)#network 192.168.12.0
R2(config-router)#exit
```

（3）静态路由配置。将串行链路（172.16.12.0/24）设置为静态路由，配置步骤如下。

```
R1(config)#ip route 20.1.1.0 255.255.255.0 172.16.12.2 150
```

//将静态路由的管理距离改为 150，默认为 1，即静态路由的优先级要低于 RIP，因为 RIP 的管理距离为 120。

```
R2(config)#ip route 10.1.1.0 255.255.255.0 172.16.12.1 150
```
4. 调试验证

（1）查看路由器选择的最优路径。RIP 路由和静态路由都配置完成后，因为静态路由的设置的管理距离要大于 RIP 路由，所以路由将采用 RIP 路由作为最优路径。如在 R1 上查看路由表：

```
R1#show ip route
…                                       //省略
Gateway of last resort is not set
C    192.168.12.0/24 is directly connected, FastEthernet0/1
     20.0.0.0/24 is subnetted, 1 subnets
R    20.1.1.0 [120/1] via 192.168.12.2, 00:00:23, FastEthernet0/1
     10.0.0.0/24 is subnetted, 1 subnets
C    10.1.1.0 is directly connected, FastEthernet0/0
```

从上述路由表可以看到，路由器中采用了 RIP 路由，即到达 20.1.1.0/24 网段，R1 路由器选择的下一跳地址为 192.168.12.2，也就是走的 192.168.12.0/24 网段这条最优路径。

（2）断开 192.168.12.0/24 网段后检查路由表。关闭 R1 路由器的 fa0/1 接口，查看 R1 的路由表：

```
R1#conf t
R1(config)#int fa 0/1
R1(config-if)#sh                  //关闭 fa0/1 接口，即关闭该接口所在的链路
R1(config-if)#end
R1#show ip route
…                                       //省略
Gateway of last resort is not set
     20.0.0.0/24 is subnetted, 1 subnets
S    20.1.1.0 [150/0] via 172.16.12.2
     172.16.0.0/24 is subnetted, 1 subnets
C    172.16.12.0 is directly connected, Serial0/0
     10.0.0.0/24 is subnetted, 1 subnets
C    10.1.1.0 is directly connected, FastEthernet0
```

从上述路由表可以看到，采用 RIP 路由的链路断开后，采用静态路由的备份链路已经启用。

（3）使用 traceroute 命令跟踪路由。分别配置 PC1 和 PC2 的 IP 地址和网关，如 PC1 的配置如下。

```
root@ box~#ifconfig eth0 add 10.1.1.2/24      //PC2 的 IP 地址为 20.1.1.2/24
root@ box~#route add default gw 10.1.1.1      //PC2 的网关地址为 20.1.1.1
```

断开主链路前跟踪路由。

```
Traceroute to 20.1.1.2(20.1.1.2),30 hops max, 38 byte packets
1  10.1.1.1 (10.1.1.1) 39.878 ms  12.214 ms  50.124 ms
2  192.168.12.2(192.168.12.2) 103.109 ms  67.076 ms  100.486 ms
3  20.1.1.2(20.1.1.2) 145.044 ms  116.275 ms  121.807 ms
```

断开主链路后跟踪路由。

```
Traceroute to 20.1.1.2(20.1.1.2),30 hops max, 38 byte packets
1  10.1.1.1 (10.1.1.1) 79.505 ms  48.756 ms  55.828 ms
```

```
2  172.16.12.2(172.16.12.2)  109.240 ms   60.656 ms   53.718 ms
3  20.1.1.2(20.1.1.2)  110.701 ms  102.340 ms  105.768 ms
```

> **注意**
>
> 本例中的 PC 为 Linux 系统，因此跟踪路由的命令为 traceroute（同路由器）。如果是 Windows 系统，则命令为 tracert。

5. 要点分析

管理距离在最优路径的选择中是一个主要的度量标准。因此，可以通过管理距离的设置来改变不同路由协议的优先级。

路由协议的这个特点可以帮助我们在实际网络中采用灵活的路由配置方案。多种路由协议可以并存，不同链路采用优先级不同的路由协议，在主链路出现故障时，可以由备份链路保证网络的正常运行。

5.3　EIGRP 路由协议配置案例

1. 案例应用场景分析

在某网络中，使用 EIGRP 路由协议来实现网络的路由选择，并要求在两条到达同一个目的地的路径上实现负载均衡，从而保证路由的可靠性。

2. 案例拓扑图

如图 5-7 所示，四个 C3640 路由器组建的一个 EIGRP 路由环境，各个接口的配置如表 5-4 所示。

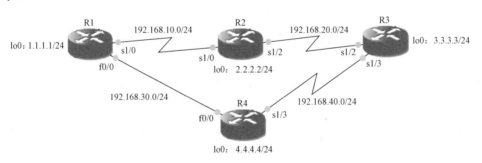

图 5-7　EIGRP 路由配置

表 5-4　　　　　　　　　　EIGRP 路由各个接口 IP 地址配置

设备	接口	IP 地址	设备	接口	IP 地址
R1	S1/0	172.16.10.1/24	R2	S1/0	172.16.10.2/24
R1	f0/0	192.168.30.1/24	R4	f0/0	192.168.30.2/24
R2	S1/2	192.168.20.1/24	S1/2	S1/2	192.168.20.2/24
R3	S1/3	192.168.40.1/24	R4	S1/3	192.168.40.2/24
R1	lo0	1.1.1.1/24	R2	lo0	2.2.2.2/24
R3	lo0	3.3.3.3/24	R4	lo0	4.4.4.4/24

3. 配置步骤

（1）路由器接口 IP 地址配置。

1）路由器 R1 的接口配置。

```
R1#conf t
R1(config)#int ser 1/0
R1(config-if)#ip add 192.168.10.1 255.255.255.0
R1(config-if)#clock rate 64000
R1(config-if)#exit
R1(config)#int fa 0/0
R1(config-if)#ip add 192.168.30.1 255.255.255.0
R1(config-if)#no sh
R1(config-if)#exit
R1(config)#int lo 0
R1(config-if)#ip add 1.1.1.1 255.255.255.0
R1(config-if)#no sh
R1(config-if)#exit
```

2）路由器 R2 的接口配置。

```
R2#conf t
R2(config)#int ser 1/0
R2(config-if)#ip add 192.168.10.2 255.255.255.0
R2(config-if)#no sh
R2(config-if)#exit
R2(config)#int ser 1/2
R2(config-if)#ip add 192.168.20.1 255.255.255.0
R2(config-if)#no sh
R2(config-if)#clock rate 64000
R2(config-if)#exit
R2(config)#int lo 0
R2(config-if)#ip add 2.2.2.2 255.255.255.0
R2(config-if)#no sh
R2(config-if)#exit
```

3）路由器 R3 的接口配置。

```
R3#conf t
R3(config)#int ser 1/2
R3(config-if)#ip add 192.168.20.2 255.255.255.0
R3(config-if)#no sh
R3(config-if)#exit
R3(config)#int ser 1/3
R3(config-if)#ip add 192.168.40.1 255.255.255.0
R3(config-if)#no sh
R3(config-if)#clock rate 64000
R3(config-if)#exit
R3(config)#int lo 0
R3(config-if)#ip add 3.3.3.3 255.255.255.0
R3(config-if)#no sh
R3(config-if)#exit
```

4）路由器 R4 的接口配置。

```
R4#conf t
R4(config)#int ser 1/3
R4(config-if)#ip add 192.168.40.2 255.255.255.0
R4(config-if)#no sh
R4(config-if)#exit
R4(config)#int fa 0/0
R4(config-if)#ip add 192.168.30.2 255.255.255.0
R4(config-if)#no sh
R4(config-if)#exit
R4(config)#int lo 0
R4(config-if)#ip add 4.4.4.4 255.255.255.0
R4(config-if)#no sh
R4(config-if)#exit
```

(2) EIGRP 路由配置。

1) 路由器 R1 的 EIGRP 协议配置。

```
R1(config)#router eigrp 10              //10 为 AS-Number
R1(config-router)#network 192.168.10.0 0.0.0.255
R1(config-router)#network 192.168.30.0 0.0.0.255
R1(config-router)#network 1.1.1.0 0.0.0.255
R1(config-router)#exit
```

2) 路由器 R2 的 EIGRP 配置。

```
R2(config)#router eigrp 10
R2(config-router)#network 192.168.10.0 0.0.0.255
R2(config-router)#network 192.168.20.0 0.0.0.255
R2(config-router)#network 2.2.2.0 0.0.0.255
R2(config-router)#exit
```

3) 路由器 R3 的 EIGRP 配置。

```
R3(config)#router eigrp 10
R3(config-router)#network 192.168.20.0 0.0.0.255
R3(config-router)#network 192.168.40.0 0.0.0.255
R3(config-router)#network 3.3.3.0 0.0.0.255
R3(config-router)#exit
```

4) 路由器 R4 的 EIGRP 配置。

```
R4(config)#router eigrp 10
R4(config-router)#network 192.168.40.0 0.0.0.255
R4(config-router)#network 192.168.30.0 0.0.0.255
R4(config-router)#network 4.4.4.0 0.0.0.255
R4(config-router)#exit
```

4. 调试验证

(1) 检查各个路由器的路由表。在 R2 上查看路由表。

```
R2#show ip route
Codes: C - connected, S - static, R - RIP, M - mobile, B - BGP
       D - EIGRP, EX - EIGRP external, O - OSPF, IA - OSPF inter area
       N1 - OSPF NSSA external type 1, N2 - OSPF NSSA external type 2
       E1 - OSPF external type 1, E2 - OSPF external type 2
```

```
                i - IS-IS, su - IS-IS summary, L1 - IS-IS level-1, L2 - IS-IS level-2
                ia - IS-IS inter area, * - candidate default, U - per-user static route
                o - ODR, P - periodic downloaded static route
Gateway of last resort is not set
D    1.0.0.0/8 [90/2297856] via 192.168.10.1, 00:02:48, Serial1/0
     2.0.0.0/8 is variably subnetted, 2 subnets, 2 masks
C       2.2.2.0/24 is directly connected, Loopback0
D       2.0.0.0/8 is a summary, 00:05:50, Null0
D    3.0.0.0/8 [90/2297856] via 192.168.20.2, 00:02:49, Serial1/2
D    192.168.30.0/24 [90/2172416] via 192.168.10.1, 00:02:51, Serial1/0
D    4.0.0.0/8 [90/2300416] via 192.168.10.1, 00:02:36, Serial1/0
C    192.168.10.0/24 is directly connected, Serial1/0
D    192.168.40.0/24 [90/2681856] via 192.168.20.2, 00:03:05, Serial1/2
C    192.168.20.0/24 is directly connected, Serial1/2
```

（2）测试连通性。测试 R2 到 R4 的回环接口 lo 0（4.4.4.4）的路径。

```
R2#traceroute 4.4.4.4
Type escape sequence to abort.
Tracing the route to 4.4.4.4


  1 192.168.10.1   380 msec   376 msec   384 msec
  2 192.168.30.2   792 msec   752 msec   776 msec
```

从上述路由信息可以看到，数据传输路径为 R2-R1（192.168.10.1）-R4（192.168.30.2）。

（3）查看 EIGRP 的拓扑信息。在 R2 上查看 EIGRP 的拓扑信息，来确定为何上述路径是选择 R2-R1（192.168.10.1）-R4（192.168.30.2），而不是另一条路径 R2-R3-R4。

```
R2#show ip eigrp topology
IP-EIGRP Topology Table for AS(10)/ID(2.2.2.2)
Codes: P - Passive, A - Active, U - Update, Q - Query, R - Reply,
       r - reply Status, s - sia Status
P 1.0.0.0/8, 1 successors, FD is 2297856
         via 192.168.10.1 (2297856/128256), Serial1/0
P 2.0.0.0/8, 1 successors, FD is 128256
         via Summary (128256/0), Null0
P 2.2.2.0/24, 1 successors, FD is 128256
         via Connected, Loopback0
P 3.0.0.0/8, 1 successors, FD is 2297856
         via 192.168.20.2 (2297856/128256), Serial1/2
P 4.0.0.0/8, 1 successors, FD is 2300416
         via 192.168.10.1 (2300416/156160), Serial1/0       //主路径
         via 192.168.20.2 (2809856/2297856), Serial1/2      //备份路径
P 192.168.40.0/24, 1 successors, FD is 2681856
         via 192.168.20.2 (2681856/2169856), Serial1/2      //主路径
         via 192.168.10.1 (2684416/2172416), Serial1/0      //主路径
P 192.168.10.0/24, 1 successors, FD is 2169856
         via Connected, Serial1/0
P 192.168.30.0/24, 1 successors, FD is 2172416
         via 192.168.10.1 (2172416/28160), Serial1/0
P 192.168.20.0/24, 1 successors, FD is 2169856
         via Connected, Serial1/2
```

从上述信息可以看到，在主动路由（P）中，到达 4.0.0.0/8 网络的转发路径有两条，即下一跳为 192.168.10.1 或 192.168.20.2。这两条路径的转发延迟（FD）分别为，走 192.168.10.1 接口的是 2300416，而走 192.168.20.2 接口的是 2809856。也就是说前者的转发延迟要小于后者。因此，它优先选择从 192.168.10.1 接口转发。所以前者也称为主路径，后者称为备份路径。

（4）设置等价路由实现等价负载均衡。因为串行接口的转发延迟（DLY）的默认值为 20000usec，而快速以太接口的转发延迟为 100usec，因此，如果将快速以太接口的 DLY 值改为 20000usec，则上述两条路由就是等价路由。这样两条路径具有相同的优先级，流量可以均衡在两条路径上，从而实现负载均衡。

要实现 R2 到 R4 的回环接口的等价路由，可以在 R1 路由器的 Fa0/0 口修改其 DLY 的值，使其与串行接口的 DLY 值相同。

```
R1(config)#int fa 0/0
R1(config-if)#delay 2000
```

测试 R2 到 R4 的回环接口 lo 0（4.4.4.4）的路径。

```
R2#traceroute 4.4.4.4
Type escape sequence to abort.
Tracing the route to 4.4.4.4
  1    192.168.20.2 268 msec
       192.168.10.1 428 msec
       192.168.20.2 276 msec
  2    192.168.30.2 716 msec
       192.168.40.2 556 msec
       192.168.30.2 856 msec
```

从上述信息可以看到，此时，到达目的地，数据有两条路径可以同时到达。

5. 要点分析

在使用 network 命令宣告直连网段时，可以直接用"network 网段号"命令，也可以用"network 网段号 反掩码"命令。

在设置等价路由时，不同类型的接口，如串行接口和快速以太接口默认的 DLY 值相同。此时，可以修改该值，使其相同后就可以设置为等价路由。

5.4 OSPF 路由协议配置案例

5.4.1 单区域 OSPF 路由配置

1. 案例应用场景分析

在中小规模的网络中，使用 OSPF 协议作为路由协议时，因为路由节点的数目不是太多，所以在计算路由时，路由器之间的通信对网络整体运行的影响相对较小，因此可以选择将所有路由器放在同一个区域中。这种配置方法就是单区域 OSPF 路由配置方法，它实现相对比较简单，拓扑结构也很清楚。配置单区域 OSPF 路由时，网络中所有路由器的接口都处于区域 0（area 0）中。

2. 案例拓扑图

如图 5-8 所示，三个 C3640 路由器组建一个基于单区域 OSPF 路由协议的网络拓扑，各个设备的接口 IP 地址参数如表 5-5 所示。

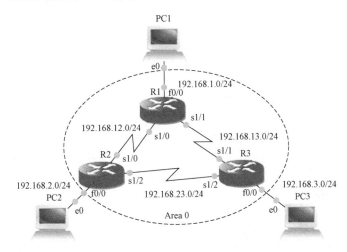

图 5-8 单区域 OSPF 路由配置

表 5-5 单区域 OSPF 各个接口地址配置

设备	接口	IP 地址	设备	接口	IP 地址
R1	S1/0	192.168.12.1/24	R2	S1/0	192.168.12.2/24
R1	S1/1	192.168.13.1/24	R3	S1/1	192.168.13.3/24
R2	S1/2	192.168.23.2/24	R3	S1/2	192.168.23.3/24
R1	f0/0	192.168.1.1/24	PC1	e0	192.168.1.2/24
R2	f0/0	192.168.2.1/24	PC2	e0	192.168.2.2/24
R3	f0/0	192.168.3.1/24	PC3	e0	192.168.3.2/24

3. 配置步骤

（1）路由器各接口参数配置。

1）路由器 R1 的接口配置。

```
R1#conf t
R1(config)#int f0/0
R1(config-if)#ip add 192.168.1.1 255.255.255.0
R1(config-if)#no sh
R1(config-if)#exit
R1(config)#int ser 1/0
R1(config-if)#ip add 192.168.12.1 255.255.255.0
R1(config-if)#no sh
R1(config-if)#clock rate 64000
R1(config-if)#exit
R1(config)#int ser 1/1
R1(config-if)#ip add 192.168.13.1 255.255.255.0
R1(config-if)#no sh
R1(config-if)#clock rate 64000
R1(config-if)#exit
R1(config)#
```

2）路由器 R2 的接口配置。

```
R2#conf t
R2(config)#int fa 0/0
R2(config-if)#ip add 192.168.2.1 255.255.255.0
R2(config-if)#no sh
R2(config-if)#exit
R2(config)#int ser 1/0
R2(config-if)#ip add 192.168.12.2 255.255.255.0
R2(config-if)#no sh
R2(config-if)#exit
R2(config)#int ser 1/2
R2(config-if)#ip add 192.168.23.2 255.255.255.0
R2(config-if)#no sh
R2(config-if)#clock rate 64000
R2(config-if)#exit
```

3）路由器 R3 的接口配置。

```
R3#conf t
R3(config)#int fa 0/0
R3(config-if)#ip add 192.168.3.1 255.255.255.0
R3(config-if)#no sh
R3(config-if)#exit
R3(config)#int ser 1/1
R3(config-if)#ip add 192.168.13.3 255.255.255.0
R3(config-if)#no sh
R3(config-if)#exit
R3(config)#int ser 1/2
R3(config-if)#ip add 192.168.23.3 255.255.255.0
R3(config-if)#no sh
R3(config-if)#exit
```

（2）OSPF 路由协议配置。

1）路由器 R1 的 OSPF 协议配置。

```
R1(config)#router ospf 1
R1(config-router)#network 192.168.1.0 0.0.0.255 area 0
R1(config-router)#network 192.168.12.0 0.0.0.255 area 0
R1(config-router)#network 192.168.13.0 0.0.0.255 area 0
R1(config-router)#exit
R1(config)#
```

2）路由器 R2 的 OSPF 协议配置。

```
R2(config)#router ospf 1
R2(config-router)#network 192.168.2.0 0.0.0.255 area 0
R2(config-router)#network 192.168.12.0 0.0.0.255 area 0
R2(config-router)#network 192.168.23.0 0.0.0.255 area 0
R2(config-router)#exit
R2(config)#
```

3）路由器 R3 的 OSPF 协议配置。

```
R3(config)#router ospf 1
```

```
R3(config-router)#network 192.168.3.0 0.0.0.255 area 0
R3(config-router)#network 192.168.13.0 0.0.0.255 area 0
R3(config-router)#network 192.168.23.0 0.0.0.255 area 0
R3(config-router)#exit
R3(config)#
```

4. 调试验证

(1) 查看各路由器的路由表。在 R1 上查看路由表。

```
R1#show ip route
Codes: C - connected, S - static, R - RIP, M - mobile, B - BGP
       D - EIGRP, EX - EIGRP external, O - OSPF, IA - OSPF inter area
       N1 - OSPF NSSA external type 1, N2 - OSPF NSSA external type 2
       E1 - OSPF external type 1, E2 - OSPF external type 2
       i - IS-IS, su - IS-IS summary, L1 - IS-IS level-1, L2 - IS-IS level-2
       ia - IS-IS inter area, * - candidate default, U - per-user static route
       o - ODR, P - periodic downloaded static route
Gateway of last resort is not set
C    192.168.12.0/24 is directly connected, Serial1/0
C    192.168.13.0/24 is directly connected, Serial1/1
O    192.168.23.0/24 [110/128] via 192.168.13.3, 00:00:56, Serial1/1
                    [110/128] via 192.168.12.2, 00:00:56, Serial1/0
C    192.168.1.0/24 is directly connected, FastEthernet0/0
O    192.168.2.0/24 [110/65] via 192.168.12.2, 00:00:56, Serial1/0
O    192.168.3.0/24 [110/65] via 192.168.13.3, 00:00:56, Serial1/1
```

(2) 测试各 PC 的连通性。配置各个 PC 的 IP 地址、子网掩码以及默认网关，如图 5-9 所示，配置 PC2 的 IP 地址参数以及测试与 PC1 的连通性。

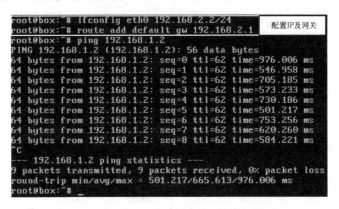

图 5-9　配置 PC IP 地址参数并测试连通性

5. 要点分析

单区域 OSPF 配置时要确保每个路由器及其接口都处于同一个区域，且该区域必须是主干区域（area 0）。

5.4.2　多区域 OSPF 路由配置

1. 案例应用场景分析

在大规模的网络中，路由节点数量庞大。如果此时仍使用单区域 OSPF 路由，则会存在以下问题。

（1）每个路由节点都需要保存并维护路由表，但是路由表会越来越大，导致单区域内路由无法汇总。

（2）LSA 的数量会非常多，导致网络带宽负载过大。

（3）区域规模过大会导致在计算全网拓扑的时候，对 CPU 的要求过高。

（4）需要保存的信息量非常大，要求数据库很大，对内存的要求会很高。

从上述问题可以看出，单区域的 OSPF 不适合大规模的网络结构。解决的方案是可以把大规模的网络结构划分成若干个较小规模的区域，这样可以带来以下优点。

（1）减小了 LSA 洪泛的范围，使得网络运行的效率可以提高，稳定性也能增强。

（2）区域边界路由器可以做路由汇总，这可以减小路由表。

（3）拓扑变化不会影响其他区域。

（4）多区域提高了网络的可扩展性，便于组建更大规模的网络。

2．案例拓扑图

如图 5-10 所示，两个基于 C3640 平台的区域边界路由器 ABR1、ABR2 和两个基于 C2621 平台的区域内部路由器 R1、R2 构建了一个多区域 OSPF 路由环境，路由器及 PC 的接口配置如表 5-6 所示。

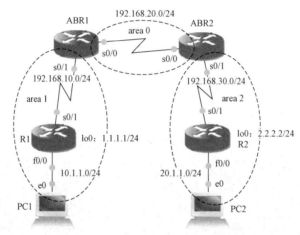

图 5-10　多区域 OSPF 路由配置

表 5-6　　　　　　　　　　多区域 OSPF 各个接口地址配置

设备	接口	IP 地址	设备	接口	IP 地址
ABR1	S0/0	192.168.20.1/24	ABR2	S0/0	192.168.20.2/24
ABR1	S0/1	192.168.10.1/24	ABR2	S0/1	192.168.30.1/24
R1	S0/1	192.168.10.2/24	R2	S0/1	192.168.30.2/24
R1	lo0	1.1.1.1/24	R2	lo0	2.2.2.2/24
R1	f0/0	10.1.1.1/24	R2	f0/0	20.1.1.1/24
PC1	e0	10.1.1.2/24	PC2	e0	20.1.1.2/24

3．配置步骤

（1）路由器接口 IP 地址配置。

1）ABR1 路由器接口配置。

```
ABR1#conf t
ABR1(config)#int ser0/0
ABR1(config-if)#ip add 192.168.20.1 255.255.255.0
ABR1(config-if)#no sh
ABR1(config-if)#clock rate 64000
ABR1(config-if)#exit
ABR1(config-if)#exit
ABR1(config)#int ser 0/1
ABR1(config-if)#ip add 192.168.10.1 255.255.255.0
ABR1(config-if)#no sh
ABR1(config-if)#exit
```

2）ABR2 路由器接口配置。

```
ABR2#conf t
ABR2(config)#int ser 0/0
ABR2(config-if)#ip add 192.168.20.2 255.255.255.0
ABR2(config-if)#no sh
ABR2(config-if)#exit
ABR2(config)#int ser 0/1
ABR2(config-if)#ip add 192.168.30.1 255.255.255.0
ABR2(config-if)#no sh
ABR2(config-if)#exit
```

3）R1 路由器接口配置。

```
R1#conf t
R1(config)#int ser 0/1
R1(config-if)#ip add 192.168.10.2 255.255.255.0
R1(config-if)#no sh
R1(config-if)#clock rate 64000
R1(config-if)#exit
R1(config)#int lo 0
R1(config-if)#ip add 1.1.1.1 255.255.255.0
R1(config-if)#no sh
R1(config-if)#int fa 0/0
R1(config-if)#ip add 10.1.1.1 255.255.255.0
R1(config-if)#no sh
R1(config-if)#exit
```

4）R2 路由器接口配置。

```
R2#conf t
R2(config)#int ser 0/1
R2(config-if)#ip add 192.168.30.2 255.255.255.0
R2(config-if)#no sh
R2(config-if)#clock rate 64000
R2(config-if)#exit
R2(config)#int lo 0
R2(config-if)#ip add 2.2.2.2 255.255.255.0
R2(config-if)#no sh
R2(config-if)#exit
R2(config)#int fa 0/0
R2(config-if)#ip add 20.1.1.1 255.255.255.0
```

```
R2(config-if)#no sh
R2(config-if)#exit
```

（2）配置多区域 OSPF 路由。

1）配置 ABR1 路由器的 OSPF 路由。

```
ABR1(config)#router ospf 10
ABR1(config-router)#network 192.168.20.0 0.0.0.255 area 0
ABR1(config-router)#network 192.168.10.0 0.0.0.255 area 1
ABR1(config-router)#end
```

2）配置 ABR2 路由器的 OSPF 路由。

```
ABR2(config)#router ospf 10
ABR2(config-router)#network 192.168.20.0 0.0.0.255 area 0
ABR2(config-router)#network 192.168.30.0 0.0.0.255 area 2
ABR2(config-router)#end
```

3）配置 R1 路由器的 OSPF 路由。

```
R1(config)#router ospf 10
R1(config-router)#network 192.168.10.0 0.0.0.255 area 1
R1(config-router)#network 1.1.1.0 0.0.0.255 area 1
R1(config-router)#network 10.1.1.0 0.0.0.255 area 1
R1(config-router)#end
```

4）配置 R2 路由器的 OSPF 路由。

```
R2(config)#router ospf 10
R2(config-router)#network 192.168.30.0 0.0.0.255 area 2
R2(config-router)#network 2.2.2.0 0.0.0.255 area 2
R2(config-router)#network 20.1.1.0 0.0.0.255 area 2
R2(config-router)#end
```

4. 调试验证

（1）查看路由表。在每个路由器上检查路由表情况，如检查 ABR1 的路由表。

```
ABR1#sh ip route
Codes: C - connected, S - static, R - RIP, M - mobile, B - BGP
       D - EIGRP, EX - EIGRP external, O - OSPF, IA - OSPF inter area
       N1 - OSPF NSSA external type 1, N2 - OSPF NSSA external type 2
       E1 - OSPF external type 1, E2 - OSPF external type 2
       i - IS-IS, su - IS-IS summary, L1 - IS-IS level-1, L2 - IS-IS level-2
       ia - IS-IS inter area, * - candidate default, U - per-user static route
       o - ODR, P - periodic downloaded static route
Gateway of last resort is not set
     1.0.0.0/32 is subnetted, 1 subnets
O       1.1.1.1 [110/65] via 192.168.10.2, 00:05:36, Serial0/1
     2.0.0.0/32 is subnetted, 1 subnets
O IA    2.2.2.2 [110/129] via 192.168.20.2, 00:05:36, Serial0/0
O IA 192.168.30.0/24 [110/128] via 192.168.20.2, 00:05:36, Serial0/0
     20.0.0.0/24 is subnetted, 1 subnets
O IA    20.1.1.0 [110/129] via 192.168.20.2, 00:05:36, Serial0/0
C    192.168.10.0/24 is directly connected, Serial0/1
C    192.168.20.0/24 is directly connected, Serial0/0
     10.0.0.0/24 is subnetted, 1 subnets
O       10.1.1.0 [110/65] via 192.168.10.2, 00:05:41, Serial0/1
```

（2）测试连通性。配置 PC1 和 PC2 的 IP 地址、子网掩码和网关，并使用 ping 命令检查 PC1 与 PC2 的连通性。

（3）检查路由器的邻居。

```
ABR1#show ip ospf neighbor
Neighbor ID     Pri   State         Dead Time   Address         Interface
192.168.30.1    0     FULL/ -       00:00:34    192.168.20.2    Serial0/0
1.1.1.1         0     FULL/ -       00:00:37    192.168.10.2    Serial0/1
```

上述信息可以看到 ABR1 的邻居信息。其中，Neighbor ID 是指邻居的 Router ID，在路由器存在回环接口的情况下，该路由器以回环接口的 IP 地址作为 Router ID 的值。如果不存在回环接口，则以物理接口 IP 地址最大的一个作为该路由器 Router ID 的值。

5. 要点分析

在多区域 OSPF 路由中，主干区域有且仅有一个，其他非主干区域通常需要与主干区域建立连接关系。该连接关系可以与主干区域物理上相邻，也可以通过虚链路实现跨区域与主干区域进行连接。

在使用 network 命令宣告直连网段时，如果该网段为点对点的链路，则可以直接使用"network 接口 IP 地址 反掩码 area 区域号"来宣告。如 ABR1 路由器的宣告可以写成"ABR1(config-router)#network 192.168.20.1 0.0.0.255 area 0"。

习　题

理论基础知识：

1. 什么是动态路由协议？它有哪些类别？
2. 典型的动态路由协议有哪些？它们各有什么特点？
3. RIP 路由协议的路由更新周期是多久？最大跳数为多少？管理距离是多少？
4. RIPv1 路由协议的广播更新与 RIPv2 路由协议的组播更新有什么区别？
5. EIGRP 路由协议的特点有哪些？
6. OSPF 路由协议将链路状态通告 LSA（Link State Advertisement）有何作用？
7. 配置 OSPF 多区域路由时一般需要注意什么事项？

实践操作：

1. 通过串行链路将四台路由器 R1、R2、R3 和 R4 进行串联，每个路由器上配置 1 个回环接口，分别为 1.1.1.1/24、2.2.2.2/24、3.3.3.3/24、4.4.4.4/24。R1 和 R2 路由器之间的网络配置 RIP 路由协议，R2、R3 之间的网络配置 EIGRP 路由协议，R3、R4 之间的网络配置单区域的 OSPF 路由协议。不同路由协议区域之间需要通过路由重分布进行设置，以保证它们可以相互交换路由信息。完成上述配置后测试回环接口之间的连通性。

2. 在由四台路由器 R1、R2、R3 和 R4 进行串联组成的网络中使用多区域 OSPF 路由协议进行互连。R1、R2 之间的网络处于区域 0（area 0），R2、R3 之间的网络处于区域 1，R3、R4 之间的网络处于区域 2。每个路由器上配置 1 个回环接口，分别为 1.1.1.1/24、2.2.2.2/24、3.3.3.3/24、4.4.4.4/24。区域 2 需要通过虚连接（Virtual Link）与区域 0 进行连接。完成配置后测试各接口之间的连通性。

任务 6 广域网链路配置

随着 Internet 的逐渐普及,越来越多的局域网(Local Area Network)需要接入到 Internet 中。Internet 是广域网(Wide Area Network)的一个特例。因此,本任务将主要介绍广域网中链路的基本配置及广域网的接入方法。

6.1 广域网技术基本认知

6.1.1 什么是广域网

1. 广域网定义

广域网的覆盖范围可以达数百千米甚至更远,它可以覆盖到一个地区、一个国家乃至全球范围。它一般分为三种类型。

(1)公共传输网络。它一般由政府电信部门建设、管理和控制。它又可以分成两大类,一类是电路交换网络,其中包括公共交换电话网(Public Switched Telephone Network, PSTN)和综合业务数字网(Integrated Services Digital Network, ISDN);另一类为分组交换网络,其中主要包括 X.25 分组交换网、Frame Relay 帧中继网络及 SMDS 多兆位数据服务。

(2)专用传输网络。它是由一个组织或团体自己建立、使用并维护的私有通信网络,如 DDN 数字数据网。

(3)无线传输网络。它是一种无线移动网络,如 GSM/GPRS/CDMA 等。

2. 广域网中的基本术语

如图 6-1 所示为广域网的典型网络结构。其中涉及以下基本术语。

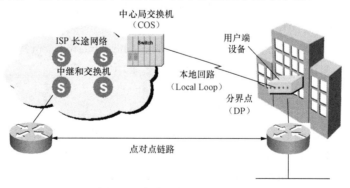

图 6-1 广域网典型网络结构

(1)本地回路:它是指终端用户与 ISP 之间的连接线路,它是 Internet 接入的最后一段线路,因此也称为最后一千米(Last mile)。

(2)中心局交换机:指由 ISP 提供的、离用户最近的局端交换机。

(3)用户端设备:指放置在用户一端的设备,主要包括用户的设备及其 ISP 放置在用户端的设备。

（4）分界点：它在用户端设备的前端、本地回路开始之处，通常指用户端设备接入所在地。

（5）长途网络：指 ISP 提供用来实现长途传输的通信网络，通常用交换机群组及中继设备组成。

此外，广域网中还涉及两个比较重要的术语，分别是 DTE 和 DCE。

（1）DTE（Data Terminal Equipment），数据终端设备。DTE 是一种负责提供或接收数据的设备，如计算机。

（2）DCE（Data Communications Equipment），数据通信设备。它在 DTE 和传输线路之间提供信号变换和编码功能，并负责建立、维持和释放链路的连接。Modem 就是一种 DCE 设备。

3. 广域网链路

广域网络链路主要可以分为以下几种类型。

（1）专线链路。如图 6-2 所示，专线链路是一种永久链路，实现点到点的服务，通常用于为一些重要企业或学校提供核心或骨干连接。

图 6-2 专线链路

（2）电路交换链路。该链路一般根据需要进行链路的连接，在每次通信会话都需要经过建立、通信和拆除连接三个阶段。PSTN、ISDN 等技术就是采用该链路方式。如图 6-3 所示为电路交换链路的连接示意图。

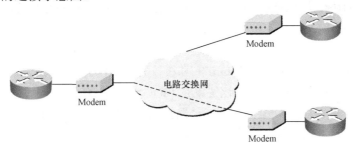

图 6-3 电路交换链路

（3）分组交换链路。这种链路方式使用虚电路（Virtual Circuit）进行通信，多个网络设备共享实际的物理线路来传输数据分组。Frame Relay、ATM 等技术就是采用该链路方式。如图 6-4 所示为分组交换链路的连接示意图。

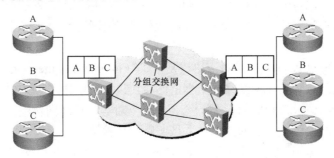

图 6-4 分组交换链路

4. 广域网的接口类型

广域网接入或连接的接口类型主要有以下几种。

（1）异步串口：用于 Modem 连接，实现计算机通过 PSTN 接入网络的接口。

（2）同步串口：用于连接 Frame Relay、X.25 等网络的接口。

（3）拨号接口：如用于连接 Modem 的接口。

（4）ISDN BRI 接口：ISDN 基本速率业务接口。

（5）ISDN PRI 接口：ISDN 主速率业务接口。

（6）AUI 接口：用于令牌环或总线型网络的与粗同轴电缆连接的接口。

（7）AUX 接口：是一种用于与 Modem 连接的异步接口。

（8）SC 接口：是一种光纤接口。

5. 广域网的连接方式

广域网的连接方式主要有点对点连接方式和分组交换方式两种。

（1）点对点连接方式：该方式主要不包括电话线路拨号、ISDN 线路拨号、DDN 专线及 E1 线路等，数据链路层上封装的协议主要有 HDLC 和 PPP 两种。

（2）分组交换方式：该方式不同于点到点的方式，各个网络设备在传输数据是共享同一个点到点的连接，多个网络设备在进行数据传输时使用虚电路（Virtual Circuit, VC）来提供端到端的连接。常见的广域网分组交换协议有 X.25、帧中继及 ATM 等。

6.1.2 广域网链路层协议认知

广域网在 OSI 参考模型中处于最低的三个层次，分别是物理层、数据链路层及网络层。在数据链路层中的协议有 HDLC、PPP、Frame Relay、LAPB 及 SDLC 等，下面将对三个主要的链路层协议进行分析。

1. HDLC 链路认知

HDLC（High-Level Data Link Control）高级数据链路控制协议，它是一个在同步网上传输数据、面向比特的数据链路层协议。该协议是 ISO（国际标准化组织）根据 IBM 公司的 SDLC（Synchronous Data Link Control）同步数据链路控制协议的基础上进行改进而成的。

该协议的作用是着重对分段成物理块或包的数据的逻辑传输。块或包由起始标志开始并由结束标志终止，也称其为帧。所有面向比特的数据链路控制协议都采用相同的帧格式，传输的数据或控制信息都是以帧为单位进行传输。帧的起始和结束标志都使用同一个标识码"01111110"。为了保证标识码的唯一性及数据的透明性，一般采用"0 比特插入法"来解决，即在发送端监视标识码意外的字段，如果发现有连续 5 个"1"出现时，在其后添加一个"0"，然后继续发送后继的比特流。在接收端，同样监视除起始标识码之外的所有字段，如果发现连续 5 个"1"，则将其之后的"0"删除，以恢复原始的比特流。

2. PPP 链路认知

PPP（Point to Point Protocol）点对点协议是 IETF（Internet Engineering Task Force，Internet 工程任务组）推出的点到点类型线路的数据链路层协议。它解决了 SLIP 协议中存在的问题，并成为正式的 Internet 标准。PPP 协议是一个为在两个对等节点之间传输数据包的简单链路设计的协议。这种链路提供全双工的操作，并按照顺序传输数据包。

PPP 协议主要包含：链路控制协议（Link Control Protocol, LCP）、网络控制协议（Network Control Protocol, NCP）和认证协议。

PPP 链路的建立一般需要解决如链路的建立、维护、拆除、上层协议协商及认证等问题。典型的 PPP 链路的建立过程如下。

（1）创建 PPP 链路：PPP 链路的创建由 LCP 负责。在该阶段，将对基本的通信方式进行选择，链路两段的设备通过 LCP 向对方发送配置信息报文，如果接收到对方发送的配置成功信息包，则交换完成，进入 LCP 开启状态。

（2）PPP 用户验证：在此阶段，主要使用安全认证的方式保证通信双方的安全，防止第三方对数据的窃取或冒充远程的客户端。验证身份时，客户端会将自己的身份发给远端的接入服务器。在完成认证之前，将禁止进入下一阶段，即调用网络层协议阶段，链路也将被终止。常用的安全认证协议包括口令验证协议（Password Authentication Protocol，PAP）和挑战握手验证协议（Challenge-Handshake Authentication Protocol，CHAP）。

（3）调用网络层协议：认证完成后，PPP 将调用链路创建阶段选定的各种 NCP 协议。NCP 主要解决 PPP 链路之上的高层协议问题，如该阶段 IP 控制协议可以为拨入用户分配动态地址。

PPP 协议在当前的广域网中应用较为广泛，它的优点在于简单、具备用户验证能力，并且可以解决 IP 地址分配的问题。拨号上网是通过 PPP 协议接入广域网的典型案例，而且在当前宽带接入逐渐普及的趋势下，PPP 也产生了新的应用，如在 ADSL（Asymmetrical Digital Subscriber Loop，非对称用户数字线路）接入方式中，PPP 与其他协议共同派生除了符合宽带接入的新协议：PPPoE（PPP over Ethernet）、PPPoA（PPP over ATM）。

3. Frame Relay 链路认知

Frame Relay（帧中继）是继 X.25 之后发展起来的数据通信方式。它与 X.25 相同，都属于面向分组交换。它主要用于公共或专用网上局域网互联及广域网连接，可用于语音和数据通信，如图 6-5 所示为其典型的连接方式。Frame Relay 是一种有效的数据传输技术，它可以在一对一或者是一对多的应用中快速而低廉地传输位信息。

Frame Relay 的主要特点是用户数据以帧为单位进行传输，帧中继网络在传输过程中将对帧的结构、传输差错等情况进行检查。如果发现错误帧，则直接将其丢弃。同时，通过对帧中的地址段 DLCI（Data Link Connection Identifier）进行识别，以实现用户数据的统计复用。DLCI 是一种统计复用协议，实现在单一物理传输线路上提供多条虚电路。每条虚电路都是用 DLCI 来进行标识。虚电路是面向连接的，它将用书的数据帧按顺序传输到目的地。按照建立虚电路的方式不同，可以将 Frame Relay 的虚电路分成两种类型：永久虚电路（PVC）和交换虚电路（SVC）。

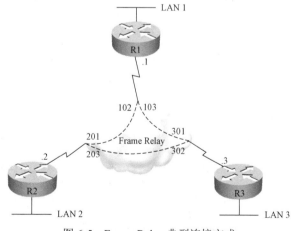

图 6-5 Frame Relay 典型连接方式

DLCI 只在本地接口和与其直接相连的对端接口有效，而不具备全局有限性。也就是说，在 Frame Relay 网络中，不同物理接口上相同的 DLCI 并不表示同一个虚连接。Frame Relay 网络的用户接口上最多支持 1024 条虚电路，其中用户可用范围是 16~1007。此外还有一些 DLCI 的值用做特殊功能，如 DLCI 0 和 1023 是 LMI（Local Management Interface）协议专用。

Frame Relay 通过地址映射把对端设备的协议地址与对端设备的帧中继地址（本地的 DLCI）关联起来，以便上层协议能够通过对端设备的协议地址寻址到对端设备。Frame Relay 主要用于承载 IP 协议，在用户发送 IP 数据报时，路由表只知道它的下一跳地址，因此，发送前必须知道该地址对应的 DLCI。此过程可以通过查找 Frame Relay 地址映射表来实现，该表可以由手工配置也可以由 Inverse ARP（反向地址解析协议）协议动态维护。

Frame Relay 很重要的一个特点就是 NBMA（非广播多路访问），在如图 6-5 所示的网络中，如果路由器 R1 在 DLCI 为 102 的虚电路上发送一个广播，则，路由器 R2 可以收到，而路由器 R3 无法收到。

此外，在 Frame Relay 网络中建立 PVC 时，有时需要用到子接口。所谓子接口就是一个逻辑接口，子接口有两种类型：点到点和点到多点。如果使用点到点子接口，则每个子接口用来连接一条 PVC，每条 PVC 的对端是另一路由器的子接口或物理接口。每对点到点的连接都是在不同的子网上。如果使用点到多点来建立多条 PVC，则这些 PVC 连接到对端路由器的多点子接口或物理接口。此时，所有加入连接的接口都应该在同一个子网上。

6.1.3 广域网链路的基本配置

一般情况下，广域网链路默认封装的协议是 HDLC，可以通过"show interface"命令来查看协议封装情况。

```
R1#show interfaces serial 0/0
Serial0/0 is administratively down, line protocol is down
  Hardware is GT96K Serial
  MTU 1500 bytes, BW 1544 Kbit, DLY 20000 usec,
     reliability 255/255, txload 1/255, rxload 1/255
  Encapsulation HDLC, loopback not set        //可以看到该链路封装了 HDLC
  Keepalive set (10 sec)
  CRC checking enabled
  Last input never, output never, output hang never
  Last clearing of "show interface" counters never
  Input queue: 0/75/0/0 (size/max/drops/flushes); Total output drops: 0
  Queueing strategy: weighted fair
  Output queue: 0/1000/64/0 (size/max total/threshold/drops)
     Conversations  0/0/256 (active/max active/max total)
     Reserved Conversations 0/0 (allocated/max allocated)
     Available Bandwidth 1158 kilobits/sec
  5 minute input rate 0 bits/sec, 0 packets/sec
  5 minute output rate 0 bits/sec, 0 packets/sec
     0 packets input, 0 bytes, 0 no buffer
     Received 0 broadcasts, 0 runts, 0 giants, 0 throttles
     0 input errors, 0 CRC, 0 frame, 0 overrun, 0 ignored, 0 abort
     0 packets output, 0 bytes, 0 underruns
     0 output errors, 0 collisions, 5 interface resets
     0 output buffer failures, 0 output buffers swapped out
     0 carrier transitions
     DCD=up  DSR=up  DTR=up  RTS=up  CTS=up
```

1. PPP 链路配置情况

（1）封装 PPP 协议。

```
R1(config-if)#encapsulation ppp                         //封装 PPP 协议
R1(config-if)#clock rate 64000                          //封装设置时钟频率
```

广域网链路上还支持其他的链路层协议，可以通过 "encapsulation?" 命令查看。

```
R1(config-if)#encapsulation ?
  atm-dxi           ATM-DXI encapsulation
  bstun             Block Serial tunneling (BSTUN)
  frame-relay       Frame Relay networks
  hdlc              Serial HDLC synchronous
  lapb              LAPB (X.25 Level 2)
  ppp               Point-to-Point protocol
  sdlc              SDLC
  sdlc-primary      SDLC (primary)
  sdlc-secondary    SDLC (secondary)
  smds              Switched Megabit Data Service (SMDS)
  stun              Serial tunneling (STUN)
  x25               X.25
```

（2）配置 PAP 认证。

1）假设路由器 R1 和 R2 之间的广域网链路之间要实现 R1（认证方）到 R2（被认证方）的 PAP 单向认证，则需要进行如下配置。

```
R1(config)#username R1 password r1pass                  //R1 为用户名，r1pass 为密码
R1(config-if)#ppp authentication pap                    //在 R1 的接口上启用 PAP 认证协议
R2(config-if)#ppp pap sent-username R1 password r1pass
//使用路由器 R1 提供的用户名和密码来进行身份验证
R2(config)#service password-encryption                  //将密码以密文方式显示
```

2）假设路由器 R1 和 R2 之间的广域网链路之间要实现 R1 到 R2 的 PAP 双向认证，则需要进行如下配置。

```
R1(config)#username R1 password r1pass                  //R1 为用户名，r1pass 为密码
R2(config)#username R2 password r2pass                  //R2 为用户名，r2pass 为密码
R1(config-if)#ppp authentication pap                    //在 R1 的接口上启用 PAP 认证协议
R2(config-if)#ppp authentication pap                    //在 R2 的接口上启用 PAP 认证协议
R1(config-if)#ppp pap sent-username R2 password r2pass
R2(config-if)#ppp pap sent-username R1 password r1pass
```

（3）配置 CHAP 验证。

1）假设路由器 R1 和 R2 之间的广域网链路之间要实现 R1（认证方）到 R2（被认证方）的 CHAP 单向认证，则需要进行如下配置。

```
R2(config)#username R1 password pass                    //R1 为用户名，pass 为密码
R1(config-if)#ppp authentication chap                   //在 R1 的接口上启用 CHAP 认证协议
```

2）假设路由器 R1 和 R2 之间的广域网链路之间要实现 R1 到 R2 的 CHAP 双向认证，则需要进行如下配置。

```
R1(config)#username R2 password pass                    //R2 为用户名，pass 为密码
R2(config)#username R1 password pass                    //R1 为用户名，pass 为密码
R1(config-if)#ppp authentication chap                   //在 R1 的接口上启用 CHAP 认证协议
R2(config-if)#ppp authentication chap                   //在 R2 的接口上启用 CHAP 认证协议
```

> **注意**
>
> 在配置 CHAP 认证时,用户名为对方路由器的名字,而且双方密码的设置必须一致。因为 CHAP 默认使用本地路由器的名字作为建立 PPP 连接时的标识符,路由器在收到对方发送过来的询问消息后,会将本地路由器的名字作为身份标识发送给对方。在收到对方发过来的身份标识后,默认使用本地验证方法,即在配置文件中查找是否有匹配的用户身份标识和密码。如果有,则验证通过,否则验证失败,连接也就无法建立。

2. Frame Relay 链路配置

(1) 在接口或子接口上封装 Frame Relay 协议。

```
Router(config-if)#encapsulation frame-relay [cisco | ietf]
//Cisco 设备默认封装的是"cisco",当它与第三方设备连接时需要使用"ietf"
```

(2) 配置 LMI 类型。

```
Router(config-if)#frame-relay lmi-type [cisco | ansi | q933a]
```

其中,"cisco"参数表示 cisco 标准,"ansi"参数表示欧洲电信委员会标准,"q933a"参数为国际电信联盟标准。IOS 版本在 11.2 以上系统可以自动识别。

(3) 配置动态映射。

```
Router(config-if)#frame-relay interface-dlci dlci-number
                                            //dlci-number 为 DLCI 号
```

(4) 配置静态映射:这需要根据远端设备是否支持 Inverse ARP 来选择动态或静态映射。

```
Router(config-if)#frame-relay map ? next_hop_address dlci [broadcast][cisco
| ietf]
```

其中,"next_hop_address"参数表示下一条地址,"dlci"参数为 DLCI 号,"?"参数为网络类型,可选的参数如下。

```
appletalk        AppleTalk
bridge           Bridging
bstun            Block Serial Tunnel
clns             ISO CLNS
decent           DECnet
dlsw             Data Link Switching (Direct encapsulation only)
ip               IP
ipv6             IPV6
ipx              Novell IPX
llc2             llc2
qllc             qllc protocol
rsrb             Remote Source-Route Bridging
stun             Serial Tunnel
```

(5) 禁止 PVC 动态映射。

```
Router(config-if)#no frame-relay inverse-arp    //禁止发送 Inverse ARP 信息
Router(config-if)#no arp frame-relay            //禁止 ARP 响应
```

(6) 清除动态创建的帧中继地址映射。

```
Router#clear frame-relay inverse-arp
```

(7) 配置点对点子接口。

```
Router（config）#interface interface.number point-to-point
// interface.number 为子接口号
```

(8) 配置多点子接口。

```
Router（config）#interface interface.number point-to-point multipoint
```

(9) 配置接口为帧中继的 DCE。

```
Router（config-if）#frame-relay intf-type dce
//Frame Relay 接口 DCE 与物理接口的 DCE 无关
```

(10) 定义接口间的 PVC。

```
Router（config-if）#frame-relay route local-dlci interface interface-number remote-dlci
```
//local-dlci 为本地的 DLCI 号，remote-dlci 为远端的 DLCI 号

6.2 PPP 链路配置案例

1. 案例应用场景分析

某公司有两个分公司，它们与总部处于两个不同的地区，现在要求总部分别与两个分公司通过广域网的 PPP 链路进行连接。为了提高网络的安全性，公司要求两个分公司通过 PPP 接入公司总部时需要进行链路的验证，如 PAP 和 CHAP。

2. 案例拓扑图

如图 6-6 所示，总公司 C2961 路由器 R1 通过串行线路分别与分公司 1 和 2 的 C29610 路由器 R2 和 R3 进行连接。三个路由器上分别创建三个 loopback 接口代表内部网络，具体的网段及接口 IP 地址配置如表 6-1 所示。

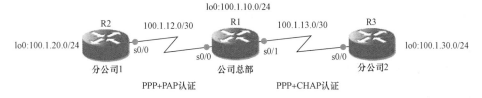

图 6-6 PPP 链路配置

表 6-1　　　　　　　　　PPP 链路配置中各接口的 IP 地址配置

设备	接口	IP 地址	设备	接口	IP 地址
R1	S0/0	100.1.12.1/30	R2	S0/0	100.1.12.2/30
R1	S0/1	100.1.13.1/30	R3	S0/0	100.1.13.2/30
R1	lo0	100.1.10.1/24	R2	lo0	100.1.20.1/24
R3	lo0	100.1.30.1/24			

两条链路分别实现以下验证方式。

(1) R1 与 R2 之间的 PPP 链路实现 PAP 双向验证，验证的用户名和密码组分别为：R1

路由器是 R1:Pass1,R2 路由器是 R2:Pass2,其中 R1 和 R2 分别为路由器的主机名(hostname)，Pass1 和 Pass2 为其对应的密码。

（2）R1 和 R3 之间的链路实现 CHAP 双向验证，验证的用户名分别为 R1 和 R2，密码统一设置为 Pass1。

3. 配置步骤

（1）路由器各接口参数配置。

1) 路由器 R1 的接口配置。

```
R1#conf t
R1(config)#int ser 0/0
R1(config-if)#ip add 100.1.12.1 255.255.255.252
R1(config-if)#no sh
R1(config-if)#clock rate 64000
R1(config-if)#exit
R1(config)#int ser 0/1
R1(config-if)#ip add 100.1.13.1 255.255.255.252
R1(config-if)#no sh
R1(config-if)#clock rate 64000
R1(config-if)#exit
R1(config)#int lo 0
R1(config-if)#ip add 100.1.10.1 255.255.255.0
R1(config-if)#no sh
R1(config-if)#exit
```

2) 路由器 R2 的接口配置。

```
R2#conf t
R2(config)#int ser 0/0
R2(config-if)#ip add 100.1.12.2 255.255.255.252
R2(config-if)#no sh
R2(config-if)#exit
R2(config)#int lo 0
R2(config-if)#ip add 100.1.20.1 255.255.255.0
R2(config-if)#no sh
R2(config-if)#exit
```

3) 路由器 R3 的接口配置。

```
R3#conf t
R3(config)#int ser 0/0
R3(config-if)#ip add 100.1.13.2 255.255.255.252
R3(config-if)#no sh
R3(config-if)#exit
R3(config)#int lo 0
R3(config-if)#ip add 100.1.30.1 255.255.255.0
R3(config-if)#no sh
R3(config-if)#exit
```

（2）链路封装 PPP 协议。

```
R1(config)#int ser 0/0
R1(config-if)#encapsulation ppp
```

```
R1(config)#int ser 0/1
R1(config-if)#encapsulation ppp
R2(config)#int ser 0/0
R2(config-if)#encapsulation ppp
R3(config)#int ser 0/0
R3(config-if)#encapsulation ppp
```

(3) 配置验证方式。

1) R1 与 R2 相连链路上配置 PAP 验证。

```
R1(config)#username R1 password Pass1            //设置验证的用户名和密码
R2(config)#username R2 password Pass2
R1(config)#int ser 0/0
R1(config-if)#ppp authentication pap             //在 R1 接口上启用 PAP 验证
R2(config)#int ser 0/0
R2(config-if)#ppp authentication pap             //在 R2 接口上启用 PAP 验证
R1(config-if)#ppp pap sent-username R2 password Pass2
                                                 //使用对方的用户名和密码验证
R2(config-if)#ppp pap sent-username R1 password Pass1
                                                 //使用对方的用户名和密码验证
```

2) R1 与 R3 相连链路上配置 CHAP 验证。

```
R3(config)#username R1 password Pass             //设置用户名和密码，密码与 R1 的相同
R3(config-if)#ppp authentication chap            //在 R3 的接口上启用 CHAP 验证
R1(config)#int ser 0/1
R1(config)#username R3 password Pass             //设置用户名和密码
R1(config-if)#ppp authentication chap            //在 R1 的接口上启用 CHAP 验证
```

4. 调试验证

(1) 通过 show run 命令来分别查看 R1、R2 和 R3 路由器连接的各条链路的详细信息，如在 R1 上测试。

```
R1#show run
Building configuration...
Current configuration : 1225 bytes
!
version 12.4
...                                              //此处省略部分配置信息
!
username R1 password 0 Pass1                     //PAP 使用的用户名和密码
username R3 password 0 Pass                      //CHAP 使用的用户名和密码
archive
 log config
  hidekeys
!
!
!
!
interface Loopback0
 ip address 100.1.10.1 255.255.255.0
!
```

```
interface FastEthernet0/0
 no ip address
 shutdown
 duplex auto
 speed auto
!
interface Serial0/0                              //Serial0/0 接口的 IP 及 PAP 认证配置
 ip address 100.1.12.1 255.255.255.252
 encapsulation ppp
 clock rate 64000
 ppp authentication pap
 ppp pap sent-username R2 password 0 Pass2
!
interface FastEthernet0/1
 no ip address
 shutdown
 duplex auto
 speed auto
!
interface Serial0/1                              //Serial0/1 接口的 IP 及 CHAP 认证配置
 ip address 100.1.13.1 255.255.255.252
 encapsulation ppp
 clock rate 64000
 ppp authentication chap
!
!
…                                                //此处省略部分配置信息
```

（2）在 R1 上通过 Ping 命令测试两条链路的连通性，可以发现两条链路都能连通。

```
R1#ping 100.1.12.2
Type escape sequence to abort.
Sending 5, 100-byte ICMP Echos to 100.1.12.2, timeout is 2 seconds:
!!!!!
Success rate is 100 percent (5/5), round-trip min/avg/max = 4/217/344 ms
R1#ping 100.1.13.2
Type escape sequence to abort.
Sending 5, 100-byte ICMP Echos to 100.1.13.2, timeout is 2 seconds:
!!!!!
Success rate is 100 percent (5/5), round-trip min/avg/max = 24/194/264 ms
```

（3）在 R2 上启用 PPP 认证的调试。

```
R2#debug ppp authentication
PPP authentication debugging is on
```

然后在 R1 上断开与其相连的接口，紧接着再开启该接口。

```
R1(config)#int ser 0/0
R1(config-if)#sh                                 //关闭 Ser0/0 接口
R1(config-if)#no sh                              //重新开启接口
```

此时，观察 R2 路由器，可以看到 PPP 链路的 PAP 相关验证信息。

```
R2#
*Mar  1 01:17:17.023: Se0/0 PPP: Authorization required
*Mar  1 01:17:17.383: Se0/0 PAP: Using hostname from interface PAP
*Mar  1 01:17:17.383: Se0/0 PAP: Using password from interface PAP
*Mar  1 01:17:17.387: Se0/0 PAP: O AUTH-REQ id 2 len 13 from "R1"
*Mar  1 01:17:17.387: Se0/0 PAP: I AUTH-REQ id 2 len 13 from "R2"
*Mar  1 01:17:17.387: Se0/0 PAP: Authenticating peer R2
*Mar  1 01:17:17.395: Se0/0 PPP: Sent PAP LOGIN Request
*Mar  1 01:17:17.399: Se0/0 PPP: Received LOGIN Response PASS
*Mar  1 01:17:17.407: Se0/0 PPP: Sent LCP AUTHOR Request
*Mar  1 01:17:17.407: Se0/0 PPP: Sent IPCP AUTHOR Request
*Mar  1 01:17:17.415: Se0/0 LCP: Received AAA AUTHOR Response PASS
R2#
*Mar  1 01:17:17.415: Se0/0 IPCP: Received AAA AUTHOR Response PASS
*Mar  1 01:17:17.419: Se0/0 PAP: O AUTH-ACK id 2 len 5
*Mar  1 01:17:17.419: Se0/0 PAP: I AUTH-ACK id 2 len 5
*Mar  1 01:17:17.427: Se0/0 PPP: Sent CDPCP AUTHOR Request
*Mar  1 01:17:17.435: Se0/0 CDPCP: Received AAA AUTHOR Response PASS
*Mar  1 01:17:17.439: Se0/0 PPP: Sent IPCP AUTHOR Request
R2#
```

（4）相同的方法在 R3 上启用 PPP 认证的调试。

```
R3#debug ppp authentication
PPP authentication debugging is on
```

然后在 R1 上断开与其相连的接口，紧接着再开启该接口。

```
R1(config)#int ser 0/1
R1(config-if)#sh                    //关闭 Ser0/1 接口
R1(config-if)#no sh                 //重新开启接口
```

此时，观察 R3 路由器，可以看到 PPP 链路的 CHAP 相关验证信息。

```
R3#
*Mar  1 01:26:05.499: Se0/0 PPP: Authorization required
*Mar  1 01:26:05.775: Se0/0 CHAP: O CHALLENGE id 205 len 23 from "R3"
*Mar  1 01:26:05.779: Se0/0 CHAP: I CHALLENGE id 194 len 23 from "R1"
*Mar  1 01:26:05.787: Se0/0 CHAP: Using hostname from unknown source
*Mar  1 01:26:05.787: Se0/0 CHAP: Using password from AAA
*Mar  1 01:26:05.791: Se0/0 CHAP: O RESPONSE id 194 len 23 from "R3"
*Mar  1 01:26:06.259: Se0/0 CHAP: I RESPONSE id 205 len 23 from "R1"
*Mar  1 01:26:06.259: Se0/0 CHAP: I SUCCESS id 194 len 4
*Mar  1 01:26:06.267: Se0/0 PPP: Sent CHAP LOGIN Request
*Mar  1 01:26:06.271: Se0/0 PPP: Received LOGIN Response PASS
R3#
*Mar  1 01:26:06.279: Se0/0 PPP: Sent LCP AUTHOR Request
*Mar  1 01:26:06.279: Se0/0 PPP: Sent IPCP AUTHOR Request
*Mar  1 01:26:06.283: Se0/0 LCP: Received AAA AUTHOR Response PASS
*Mar  1 01:26:06.287: Se0/0 IPCP: Received AAA AUTHOR Response PASS
*Mar  1 01:26:06.287: Se0/0 CHAP: O SUCCESS id 205 len 4
*Mar  1 01:26:06.295: Se0/0 PPP: Sent CDPCP AUTHOR Request
*Mar  1 01:26:06.299: Se0/0 PPP: Sent IPCP AUTHOR Request
*Mar  1 01:26:06.311: Se0/0 CDPCP: Received AAA AUTHOR Response PASS
R3#
```

5. 要点分析

（1）在配置 PPP 链路验证时，如果只设置了一端的验证方式，则该链路会连接失败（即为 down 状态）。只有在双方配置相同并正确的情况下，该链路才会连接成功（即为 Up 状态）。

（2）配置 PAP 验证时，用户名和密码的定义是本路由器的用户名和密码，对方使用该用户名和密码来进行接入。而配置 CHAP 验证时，用户名和密码为对方的用户名和密码，自己通过该用户名和密码来连接对方路由器。

（3）PAP 和 CHAP 为链路的验证，即保证的是链路连接的安全性，而对上层用户则没有验证。如果需要进一步提升链路的安全，可以引入"AAA"用户接入的认证，此处不再详细说明。

6.3 Frame Relay 链路配置案例（1）

1. 案例应用场景分析

某公司希望将三幢大楼的局域网通过 Frame Relay（帧中继）网络进行互连。要求使用一台至少具有三个广域网同步接口的路由器作为帧中继交换机来连接这三幢大楼内的局域网，并要求这三个局域网都能通过帧中继网络相互通信。

2. 案例拓扑图

如图 6-7 所示，使用 C3640 路由器 FRSwitch 作为帧中继交换机，并在该设备上添加一个有四个串口的模块。C2691 路由器 R1、R2 和 R3 分别通过其串口与 FRSwitch 进行连接。全网络采用 OSPF 路由协议，且帧中继网络处于区域 0（Area 0），R1、R2 和 R3 上的三个回环接口所在的网络分别处于区域 1~3（Area 1~3）。

R1 用来连接 R2 的虚电路的 DLCI 值为 102，用来连接 R3 的虚电路的 DLCI 值为 103。
R2 用来连接 R1 的虚电路的 DLCI 值为 201，用来连接 R3 的虚电路的 DLCI 值为 203。
R3 用来连接 R1 的虚电路的 DLCI 值为 301，用来连接 R2 的虚电路的 DLCI 值为 302。
各个接口的 IP 地址配置如表 6-2 所示。

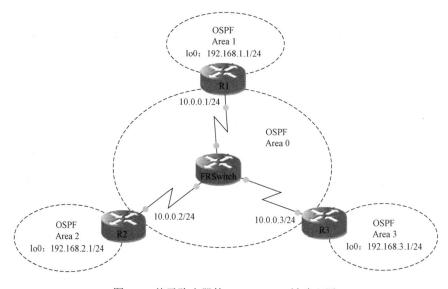

图 6-7 基于路由器的 Frame Relay 链路配置

表 6-2　　　　基于路由器的 Frame Relay 链路配置中各接口的 IP 地址配置

设备	接口	IP 地址	设备	接口	IP 地址
R1	S0/0	10.0.0.1/24	R2	S0/0	10.0.0.2/24
R3	S0/0	10.0.0.3/24	R1	lo0	192.168.1.1/24
R2	lo0	192.168.2.1/24	R3	lo0	192.168.3.1/24

3. 配置步骤

（1）帧中继交换机配置。

```
Router#conf terminal
Router(config)#hostname FRSwitch
FRSwitch#conf t
FRSwitch(config)#interface Serial0/1            //与 R1 连接的接口 Serial0/1 配置
FRSwitch(config-if)# no ip address              //删除该接口的 IP 地址
FRSwitch(config-if)# no sh
FRSwitch(config-if)# encapsulation frame-relay  //封装帧中继协议
FRSwitch(config-if)# serial restart-delay 0     //设置接口重启后立即生效
FRSwitch(config-if)# clock rate 64000
FRSwitch(config-if)#frame-relay lmi-type ansi   //设置本地管理接口类型为 ansi
FRSwitch(config-if)#frame-relay intf-type dce   //设置接口类型为 DCE
FRSwitch(config-if)#frame-relay route 102 interface Serial0/2 201
```
　　//建立 R1 到 R2 之间的虚电路，R1 端的虚电路号 DLCI 值为 102，R2 端的虚电路号 DLCI 值为 201，连接 R2 的帧中继设备的接口为 Serial0/2
```
FRSwitch(config-if)#frame-relay route 103 interface Serial0/3 301
```
　　//建立 R1 到 R3 之间的虚电路，R1 端的虚电路号 DLCI 值为 103，R3 端的虚电路号 DLCI 值为 301，连接 R3 的帧中继设备的接口为 Serial0/3
```
FRSwitch(config-if)#exit
FRSwitch(config)#interface Serial0/2            //与 R2 连接的接口 Serial0/2 配置
FRSwitch(config-if)# no ip address
FRSwitch(config-if)# no sh
FRSwitch(config-if)# encapsulation frame-relay
FRSwitch(config-if)# serial restart-delay 0
FRSwitch(config-if)# clock rate 64000
FRSwitch(config-if)# frame-relay lmi-type ansi
FRSwitch(config-if)# frame-relay intf-type dce
FRSwitch(config-if)# frame-relay route 201 interface Serial0/1 102
```
　　//建立 R2 到 R1 之间的虚电路，R2 端的虚电路号 DLCI 值为 201，R1 端的虚电路号 DLCI 值为 102，连接 R1 的帧中继设备的接口为 Serial0/1
```
FRSwitch(config-if)# frame-relay route 203 interface Serial0/3 302
```
　　//建立 R2 到 R3 之间的虚电路，R2 端的虚电路号 DLCI 值为 203，R3 端的虚电路号 DLCI 值为 302，连接 R3 的帧中继设备的接口为 Serial0/3
```
FRSwitch(config-if)#exit
FRSwitch(config)#interface Serial0/3            //与 R3 连接的接口 Serial0/3 配置
FRSwitch(config-if)# no ip address
FRSwitch(config-if)# no sh
FRSwitch(config-if)# encapsulation frame-relay
FRSwitch(config-if)# serial restart-delay 0
FRSwitch(config-if)# clock rate 64000
```

```
FRSwitch(config-if)# frame-relay lmi-type ansi
FRSwitch(config-if)# frame-relay intf-type dce
FRSwitch(config-if)# frame-relay route 302 interface Serial0/2 203
```
//建立 R3 到 R2 之间的虚电路，R3 端的虚电路号 DLCI 值为 302，R2 端的虚电路号 DLCI 值为 203，连接 R2 的帧中继设备的接口为 Serial0/2
```
FRSwitch(config-if)# frame-relay route 301 interface Serial0/1 103
```
//建立 R3 到 R1 之间的虚电路，R3 端的虚电路号 DLCI 值为 301，R1 端的虚电路号 DLCI 值为 103，连接 R1 的帧中继设备的接口为 Serial0/3
```
FRSwitch(config-if)#exit
```

（2）路由器 R1 的帧中继配置。

```
R1#conf t
R1(config)#int lo 0
R1(config-if)#ip add 192.168.1.1 255.255.255.0    //设置接口 lo0 的 IP 地址
R1(config-if)#no sh
R1(config-if)#exit
R1(config)#interface Serial0/0
R1(config-if)# ip address 10.0.0.1 255.255.255.0
                                                  //设置接口 serial0/0 的 IP 地址
R1(config-if)#no sh
R1(config-if)# encapsulation frame-relay          //封装帧中继协议
R1(config-if)# serial restart-delay 0
R1(config-if)# frame-relay map ip 10.0.0.3 103
```
//建立 IP 地址与虚电路号 DLCI 的映射，将对方 IP：10.0.0.3 与本地 DLCI：103 建立映射关系
```
R1(config-if)# frame-relay map ip 10.0.0.2 102
```
//建立 IP 地址与虚电路号 DLCI 的映射，将对方 IP：10.0.0.2 与本地 DLCI：102 建立映射关系
```
R1(config-if)# no frame-relay inverse-arp         //关闭帧中继动态 ARP 解析
R1(config-if)#end
```

（3）路由器 R2 的帧中继配置。

```
R2#conf t
R2(config)#int lo 0
R2(config-if)#ip add 192.168.2.1 255.255.255.0    //设置接口 lo0 的 IP 地址
R2(config-if)#no sh
R2(config-if)#exit
R2(config)#interface Serial0/0                    //设置接口 serial0/0 的 IP 地址
R2(config-if)# ip address 10.0.0.2 255.255.255.0
R2(config-if)#no sh
R2(config-if)# encapsulation frame-relay          //封装帧中继协议
R2(config-if)# serial restart-delay 0
R2(config-if)# frame-relay map ip 10.0.0.3 203
```
//建立 IP 地址与虚电路号 DLCI 的映射，将对方 IP：10.0.0.3 与本地 DLCI：203 建立映射关系
```
R2(config-if)# frame-relay map ip 10.0.0.1 201
```
//建立 IP 地址与虚电路号 DLCI 的映射，将对方 IP：10.0.0.1 与本地 DLCI：201 建立映射关系
```
R2(config-if)# no frame-relay inverse-arp
R2(config-if)#end
```

（4）路由器 R3 的帧中继配置。

```
R3#conf t
R3(config)#int lo 0
R3(config-if)#ip add 192.168.3.1 255.255.255.0    //设置接口 lo0 的 IP 地址
```

```
R3(config-if)#no sh
R3(config-if)#exit
R3(config)#interface Serial0/0
R3(config-if)# ip address 10.0.0.3 255.255.255.0
                                            //设置接口 serial0/0 的 IP 地址
R3(config-if)#no sh
R3(config-if)# encapsulation frame-relay      //封装帧中继协议
R3(config-if)# serial restart-delay 0
R3(config-if)# frame-relay map ip 10.0.0.2 302
//建立 IP 地址与虚电路号 DLCI 的映射，将对方 IP：10.0.0.2 与本地 DLCI：302 建立映射关系
R3(config-if)# frame-relay map ip 10.0.0.1 301
//建立 IP 地址与虚电路号 DLCI 的映射，将对方 IP：10.0.0.1 与本地 DLCI：301 建立映射关系
R3(config-if)# no frame-relay inverse-arp
R3(config-if)#end
```

（5）全网的 OSPF 路由协议配置。

```
R1(config)#router ospf 1
R1(config-router)#network 10.0.0.0 0.0.0.255 area 0
R1(config-router)#network 192.168.1.0 0.0.0.255 area 1
R1(config-router)#neighbor 10.0.0.2           //手动设置 R1 的邻居
R1(config-router)#neighbor 10.0.0.3           //手动设置 R1 的邻居
R1(config-router)#end
R2(config)#router ospf 1
R2(config-router)#network 10.0.0.0 0.0.0.255 area 0
R2(config-router)#network 192.168.2.0 0.0.0.255 area 2
R2(config-router)#neighbor 10.0.0.1           //手动设置 R2 的邻居
R2(config-router)#neighbor 10.0.0.3           //手动设置 R2 的邻居
R2(config-router)#end
R3(config)#router ospf 1
R3(config-router)#network 10.0.0.0 0.0.0.255 area 0
R3(config-router)#network 192.168.3.0 0.0.0.255 area 3
R3(config-router)#neighbor 10.0.0.1           //手动设置 R2 的邻居
R3(config-router)#neighbor 10.0.0.2           //手动设置 R2 的邻居
R3(config-router)#end
```

4．调试验证

（1）配置完帧中继后，需要分别在 R1、R2 和 R3 上测试其与另外两个路由器之间的连通性。例如：

```
R1#ping 10.0.0.2
Type escape sequence to abort.
Sending 5, 100-byte ICMP Echos to 10.0.0.2, timeout is 2 seconds:
!!!!!
Success rate is 100 percent (5/5), round-trip min/avg/max = 188/244/340 ms
R1#ping 10.0.0.3
Type escape sequence to abort.
Sending 5, 100-byte ICMP Echos to 10.0.0.3, timeout is 2 seconds:
!!!!!
R2#ping 10.0.0.1
Type escape sequence to abort.
Sending 5, 100-byte ICMP Echos to 10.0.0.1, timeout is 2 seconds:
```

```
!!!!!
Success rate is 100 percent (5/5), round-trip min/avg/max = 244/319/420 ms
R2#ping 10.0.0.3
Type escape sequence to abort.
Sending 5, 100-byte ICMP Echos to 10.0.0.3, timeout is 2 seconds:
!!!!!
Success rate is 100 percent (5/5), round-trip min/avg/max = 232/278/372 ms
R3#ping 10.0.0.1
Type escape sequence to abort.
Sending 5, 100-byte ICMP Echos to 10.0.0.1, timeout is 2 seconds:
!!!!!
Success rate is 100 percent (5/5), round-trip min/avg/max = 244/361/404 ms
R3#ping 10.0.0.2
Type escape sequence to abort.
Sending 5, 100-byte ICMP Echos to 10.0.0.2, timeout is 2 seconds:
!!!!!
Success rate is 100 percent (5/5), round-trip min/avg/max = 260/349/404 ms
```

（2）配置完全网的 OSPF 路由协议后，查看 R1、R2 和 R3 上的路由表。例如：

```
R1#show ip route                    //查看 R1 的路由表
Codes: C - connected, S - static, R - RIP, M - mobile, B - BGP
       D - EIGRP, EX - EIGRP external, O - OSPF, IA - OSPF inter area
       N1 - OSPF NSSA external type 1, N2 - OSPF NSSA external type 2
       E1 - OSPF external type 1, E2 - OSPF external type 2
       i - IS-IS, su - IS-IS summary, L1 - IS-IS level-1, L2 - IS-IS level-2
       ia - IS-IS inter area, * - candidate default, U - per-user static route
       o - ODR, P - periodic downloaded static route
Gateway of last resort is not set
     10.0.0.0/24 is subnetted, 1 subnets
C       10.0.0.0 is directly connected, Serial0/0
C    192.168.1.0/24 is directly connected, Loopback0
     192.168.2.0/32 is subnetted, 1 subnets
O IA    192.168.2.1 [110/65] via 10.0.0.2, 00:00:03, Serial0/0
     192.168.3.0/32 is subnetted, 1 subnets
O IA    192.168.3.1 [110/65] via 10.0.0.3, 00:00:03, Serial0/0
```

从上述信息可以看到，R1 的两个非直连网络都已经学习到了，此时再去测试其连通性，则肯定能够成功。

（3）还可以使用"show frame-relay map"、"show frame-relay pvc"、"show frame-relay route"及"show frame-relay lmi"等命令来查看帧中继交换机是否工作正常。

5. 要点分析

在配置每条 Frame Relay 链路时，都需要指定链路的两端的接口类型，即 DTE 或 DCE。要注意的是，必须将帧中继交换机 FRSwitch 端的接口设置为 DCE 端。

```
FRSwitch(config-if)#frame-relay intf-type dce
```

在帧中继网络上配置 OSPF 时，因为 OSPF 接口默认的网络类型是 NON_BROADCAST（非广播类型），在此情况下 OSPF 不会在帧中继接口上发送 hello 包，所以就不能与对方建立邻居关系，需要手工来指定。即用 neighbor 命令来直接指定其邻居，此时 hello 包将以单播形式发送。

在帧中继网络中配置 OSPF 路由协议时，需要手工指定其邻居（neighbor）。例如：

```
R2(config-router)#neighbor 10.0.0.1
R2(config-router)#neighbor 10.0.0.3
```

6.4 Frame Relay 链路配置案例（2）

1. 案例应用场景分析

某公司在三个地区的分公司通过 ISP 提供的 Frame Relay（帧中继）网络进行互联。作为 ISP 服务提供人员，需要配置帧中继交换机及三个分公司的网络边界，即边界路由器，以实现这三个分公司的网络能够相互通信。

2. 案例拓扑图

如图 6-8 所示，在帧中继交换机 FRSwitch 上有三个接口分别是 1、2 和 3 号端口，分别与 C2691 路由器 R1、R2 和 R3 路由器的 Serial0/0 接口相连（注意，如果在 GNS3 中连接时需要从 FRSwitch 端连接到路由器端）。全网采用 RIPv2 协议进行互联，具体的接口 IP 地址配置如表 6-3 所示。

在连接拓扑图时，需要首先配置帧中继交换机的三个端口及其 PVC 映射关系，否则将无法连接帧中继交换机与三个路由器。

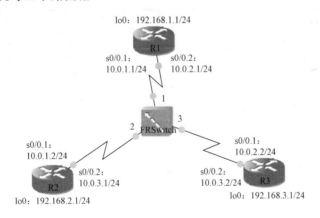

图 6-8 基于帧中继交换机的 Frame Relay 链路配置

表 6-3 基于帧中继交换机的 Frame Relay 链路配置中各接口的 IP 地址配置

设备	接口	IP 地址	设备	接口	IP 地址
R1	S0/0.1	10.0.1.1/24	R1	S0/0.2	10.0.2.1/24
R2	S0/0.1	10.0.1.2/24	R2	S0/0.2	10.0.3.1/24
R3	S0/0.1	10.0.2.2/24	R3	S0/0.2	10.0.3.2/24
R1	lo0	192.168.1.1/24	R2	lo0	192.168.2.1/24
R3	lo0	192.168.3.1/24			

3. 配置步骤

（1）配置帧中继交换机 FRSwitch。在 GNS3 工作区中右键单击 FRSwitch，单击"配置"命令，打开"节点配置"对话框，如图 6-9 所示，并建立如下端口、DLCI 及其相互之间的映射关系。其中，端口 1 负责与 R1 路由器连接，端口 2 负责与 R2 路由器连接，端口 3 与 R3 路由器连接。它们之间建立如下映射关系，如表 6-4 所示。

图 6-9　帧中继交换机 FRSwitch 配置

表 6-4　　　　　　　　　　　　PVC 映 射 关 系

端口号：DLCI	端口号：DLCI
1：102	2：201
1：103	3：301
2：203	3：302

（2）路由器 R1 的帧中继配置。

```
R1#conf t
R1(config)#int lo 0
R1(config-if)#ip add 192.168.1.1 255.255.255.0   //设置接口 lo0 的 IP 地址
R1(config-if)#no sh
R1(config-if)#exit
R1(config)#int ser 0/0
R1(config-if)#no sh                              /启用该接口
R1(config-if)#encapsulation frame-relay ietf     //封装 ietf 标准的帧中继协议
R1(config-if)#frame-relay lmi-type ansi          //封装本地管理接口类型为 ansi
R1(config-if)#exit
R1(config)#int ser 0/0.1 point-to-point          //设置子接口为点到点类型
R1(config-subif)#ip add 10.0.1.1 255.255.255.0   //设置该点到点链路的 IP 地址
R1(config-subif)#frame-relay interface-dlci 102  //设置接口的 DLCI 值为 102
R1(config-fr-dlci)#exit
R1(config-subif)#exit
R1(config)#int ser 0/0.2 point-to-point
R1(config-subif)#ip add 10.0.2.1 255.255.255.0
R1(config-subif)#frame-relay interface-dlci 103  //设置接口的 DLCI 值为 103
R1(config-fr-dlci)#exit
R1(config-subif)#exit
```

（3）路由器 R2 的帧中继配置。

```
R2#conf t
R2(config)#int lo 0
R2(config-if)#ip add 192.168.2.1 255.255.255.0    //设置接口 lo0 的 IP 地址
R2(config-if)#no sh
R2(config-if)#exit
R2(config)#int ser 0/0
R2(config-if)#no sh
R2(config-if)#encapsulation frame-relay ietf
R2(config-if)#frame-relay lmi-type ansi
R2(config-if)#exit
R2(config)#int ser 0/0.1 point-to-point
R2(config-subif)#ip add 10.0.1.2 255.255.255.0
R2(config-subif)#frame-relay interface-dlci 201   //设置接口的 DLCI 值为 201
R2(config-fr-dlci)#exit
R2(config-subif)#exit
R2(config)#int ser 0/0.2 point-to-point
R2(config-subif)#ip add 10.0.3.1 255.255.255.0
R2(config-subif)#frame-relay interface-dlci 203   //设置接口的 DLCI 值为 203
R2(config-fr-dlci)#exit
R2(config-subif)#exit
```

（4）路由器 R3 的帧中继配置。

```
R3#conf t
R3(config)#int lo 0
R3(config-if)#ip add 192.168.3.1 255.255.255.0    //设置接口 lo0 的 IP 地址
R3(config-if)#no sh
R3(config-if)#exit
R3(config)#int ser 0/0
R3(config-if)#no sh
R3(config-if)#encapsulation frame-relay ietf
R3(config-if)#frame-relay lmi-type ansi
R3(config-if)#exit
R3(config)#int ser 0/0.1 point-to-point
R3(config-subif)#ip add 10.0.2.2 255.255.255.0
R3(config-subif)#frame-relay interface-dlci 301   //设置接口的 DLCI 值为 301
R3(config-fr-dlci)#exit
R3(config-subif)#exit
R3(config)#int ser 0/0.2 point-to-point
R3(config-subif)#ip add 10.0.3.2 255.255.255.0
R3(config-subif)#frame-relay interface-dlci 302   //设置接口的 DLCI 值为 302
R3(config-fr-dlci)#exit
R3(config-subif)#exit
```

（5）全网配置 RIPv2 路由协议。

```
R1(config)#router rip
R1(config-router)#version 2
R1(config-router)#no auto-summary
R1(config-router)#network 10.0.1.0
R1(config-router)#network 10.0.2.0
```

```
R1(config-router)#network 192.168.1.0
R1(config-router)#end
R2(config)#router rip
R2(config-router)#version 2
R2(config-router)#no auto-summary
R2(config-router)#network 10.0.1.0
R2(config-router)#network 10.0.3.0
R2(config-router)#network 192.168.2.0
R2(config-router)#end
R3(config)#router rip
R3(config-router)#version 2
R3(config-router)#no auto-summary
R3(config-router)#network 10.0.2.0
R3(config-router)#network 10.0.3.0
R3(config-router)#network 192.168.3.0
R3(config-router)#end
```

4. 调试验证

（1）配置完帧中继链路后，分别测试各条链路的连通性，如在 R1 上测试与 R2 和 R3 的连通性。

```
R1#ping 10.0.1.2
Type escape sequence to abort.
Sending 5, 100-byte ICMP Echos to 10.0.1.2, timeout is 2 seconds:
!!!!!
Success rate is 100 percent (5/5), round-trip min/avg/max = 8/218/348 ms
R1#ping 10.0.2.2
Type escape sequence to abort.
Sending 5, 100-byte ICMP Echos to 10.0.2.2, timeout is 2 seconds:
!!!!!
Success rate is 100 percent (5/5), round-trip min/avg/max = 96/282/428 ms
```

（2）配置完 RIPv2 协议后，分别测试各个网段的连通性，如在 R2 上测试与其他网段的连通性。

```
R2#ping 192.168.1.1 source 192.168.2.1
Type escape sequence to abort.
Sending 5, 100-byte ICMP Echos to 192.168.1.1, timeout is 2 seconds:
Packet sent with a source address of 192.168.2.1
!!!!!
Success rate is 100 percent (5/5), round-trip min/avg/max = 256/332/432 ms
R2#ping 192.168.3.1 source 192.168.2.1
Type escape sequence to abort.
Sending 5, 100-byte ICMP Echos to 192.168.3.1, timeout is 2 seconds:
Packet sent with a source address of 192.168.2.1
!!!!!
Success rate is 100 percent (5/5), round-trip min/avg/max = 212/275/376 ms
```

（3）查看 Frame Relay 映射，如在 R1 上查看以下信息。

```
R1#show frame-relay map
Serial0/0.1 (up): point-to-point dlci, dlci 102(0x66,0x1860), broadcast
```

```
                        status defined, active
   Serial0/0.2 (up): point-to-point dlci, dlci 103(0x67,0x1870), broadcast
                        status defined, active
```

（4）查看 PVC 虚电路信息，如在 R1 上查看以下信息。

```
R1#show frame-relay pvc
PVC Statistics for interface Serial0/0 (Frame Relay DTE)

                 Active        Inactive       Deleted        Static
  Local          2             0              0              0
  Switched       0             0              0              0
  Unused         0             0              0              0
DLCI = 102, DLCI USAGE = LOCAL, PVC STATUS = ACTIVE, INTERFACE = Serial0/0.1
  input pkts 78          utput pkts 93           in bytes 14857
  out bytes 18966        dropped pkts 0          in pkts dropped 0
  out pkts dropped 0          out bytes dropped 0
  in FECN pkts 0         in BECN pkts 0          out FECN pkts 0
  out BECN pkts 0        in DE pkts 0            out DE pkts 0
  out bcast pkts 77      out bcast bytes 17330
  5 minute input rate 0 bits/sec, 0 packets/sec
  5 minute output rate 0 bits/sec, 0 packets/sec
  pvc create time 00:42:38, last time pvc status changed 00:42:38
DLCI = 103, DLCI USAGE = LOCAL, PVC STATUS = ACTIVE, INTERFACE = Serial0/0.2
  input pkts 63          output pkts 85          in bytes 12946
  out bytes 18218        dropped pkts 0          in pkts dropped 0
  out pkts dropped 0          out bytes dropped 0
  in FECN pkts 0         in BECN pkts 0          out FECN pkts 0
  out BECN pkts 0        in DE pkts 0            out DE pkts 0
  out bcast pkts 78      out bcast bytes 17486
  5 minute input rate 0 bits/sec, 0 packets/sec
  5 minute output rate 0 bits/sec, 0 packets/sec
  pvc create time 00:43:20, last time pvc status changed 00:43:20
```

（5）查看本地 LMI 接口信息。

```
R1#show frame-relay lmi
LMI Statistics for interface Serial0/0 (Frame Relay DTE) LMI TYPE = ANSI
  Invalid Unnumbered info 0         Invalid Prot Disc 0
  Invalid dummy Call Ref 0          Invalid Msg Type 0
  Invalid Status Message 0          Invalid Lock Shift 0
  Invalid Information ID 0          Invalid Report IE Len 0
  Invalid Report Request 0          Invalid Keep IE Len 0
  Num Status Enq. Sent 275          Num Status msgs Rcvd 272
  Num Update Status Rcvd 0          Num Status Timeouts 3
  Last Full Status Req 00:00:59     Last Full Status Rcvd 00:00:59
```

5. 要点分析

本案例配置的是点到点的子接口，在配置该类型子接口时，必须指定其接口类型为"point-to-point"，每个子接口与对端的子接口或物理接口建立一条 PVC 链路，且该链路与其他链路属于不同的子网。因此分配 IP 地址时，需要给每条 PVC 分别指定一个不同的网段。

习 题

理论基础知识：

1. 广域网中有哪些主流的技术？其特点是什么？
2. 广域网链路层主要有哪些链路层协议？它们有什么技术特点？
3. 什么是 PVC 和 SVC？它们有何区别？
4. PPP 协议中包含哪两个子协议？其各自的作用是什么？
5. 帧中继中的 DLCI、LMI 是指什么？有什么作用？
6. 使用帧中继交换机配置帧中继网络时，交换机上需要做何配置？

实践操作：

1. 将两台路由器通过串行接口进行连接，在该串行链路上封装 PPP 协议，然后启用 PAP 或 CHAP 的单向认证，验证的用户名为"router"，密码为"pap"。

2. 使用三台路由器组建帧中继网络，其中一台路由器作为帧中继交换机，另外两台路由器分别与帧中继交换机进行连接。要求两条链路上封装帧中继协议，并在帧中继交换机上建立虚电路映射关系，在路由器上设置建立 IP 地址与虚电路号 DLCI 的映射，最后在帧中继链路是否能够通信。

任务 7 网络安全访问控制

对于网络管理者来说，保证网络的安全是其非常重要的日常任务。网络安全访问控制技术是保证网络安全的技术之一，而访问控制列表 ACL（Access Control List）是其实现的一种重要手段。网络管理者根据公司内部网络管理的具体策略来制订 ACL，控制用户对网络的访问行为，从而达到保障网络安全的目的。

7.1 访问控制技术认知

7.1.1 ACL 概述

访问控制列表 ACL 是一种基于包过滤的访问控制技术，它是一个有序的访问控制规则的集合。ACL 在路由器等设备上读取 IP 数据报报头及 TCP 报文报头中的相关信息，如源 IP 地址、目的 IP 地址、源端口、目的端口等，并根据事先定义好的规则对数据报进行过滤，从而达到访问控制的目的。

在 ACL 时，要根据不同的协议来制订不同的 ACL。例如，如果路由器的接口被配置成支持三种不同的协议（IP、IPX 和 AppleTalk），则必须要定义三种不同的 ACL 来分别控制这三种不同协议的数据包。

ACL 的主要作用如下。

（1）限制网络流量、提高网络性能。

（2）可以通过限定或简化路由更新信息等方法来限制通过路由器某一网段的通信流量。

（3）可以实现网络的安全访问控制。

（4）可以控制不同类型的数据流，允许某些类型的数据流被转发，某些类型的数据流被拒绝。

7.1.2 ACL 的分类

目前，ACL 主要分为两类，即标准 ACL 和扩展 ACL。这两种 ACL 都用列表编号来命名该列表。此外，还有命名的 ACL 和基于时间的 ACL 等。

（1）标准 ACL。

标准 ACL（Standard ACL）是一种基于源 IP 地址的访问控制列表，它通过匹配源 IP 地址来允许（permit）或拒绝（deny）数据包的通过。因此，它的访问控制粒度相对较粗。

标准 ACL 使用 1～99 及 1300～1999 这两个范围的数值作为列表编号，一般常用的是 1～99。

一般情况下，在应用标准 ACL 时，应尽量将其应用在靠近目的端的接口上，因为这往往可以更准确地去控制目标对象。

（2）扩展 ACL。

扩展 ACL（Extended ACL）是一种可以针对源 IP 地址、目的 IP 地址、协议类型及端口号等内容来进行过滤的一种访问控制列表。因此，相比于标准 ACL，它的访问控制粒度比较细。

扩展 ACL 使用 100～199 及 2000～2699 这两个范围的数值作为列表编号，一般常用的是 100～199。

一般情况下，扩展 ACL 应用时，应尽量将其应用在靠近源端的接口上，因为这往往可以减少不必要的网络流量。

（3）基于命名的 ACL。

在基于命名的 ACL 中使用一个字母或数字组合的字符串来代替标准 ACL 和扩展 ACL 中的列表编号。基于命名的 ACL 与标准 ACL 和扩展 ACL 相比有一个优点，就是当设置好 ACL 规则后，如果发现其中的某条规则有问题，需要删除时，基于命名的 ACL 可以将其删除。这可方便地在 ACL 配置过程中进行修改，而标准 ACL 和扩展 ACL 只能删除整个 ACL 列表。

如果要使用基于命名的 ACL，则要求 IOS 版本在 11.2 以上，且不能用同一名字来命名多个不同的 ACL，不同类型的 ACL 也不能使用相同的名字。此外，ACL 的名字是区分大小写的。

（4）基于时间的 ACL。

从 IOS 版本 12.0 之后，Cisco 路由器上又增加了一种新的访问控制列表技术，即基于时间的 ACL。利用这种 ACL，可以根据一天中不同的时间段、一周中不同的日期或者将两者结合来控制网络中数据包的转发。

在定义基于时间的 ACL 时，首先得定义一个时间范围，然后将其应用在 ACL 中。

7.1.3　ACL 的工作流程

在进行 ACL 规则（即定义的规则或列表项）匹配工作时，需要注意其以下特性。

（1）每个接口可以在进栈（in）和出栈（out）两个方向上分别应用 ACL，且每个方向上只能应用一个 ACL。进栈是指进入路由器的方向，而出栈是指离开路由器的方向。

（2）ACL 规则中包括两个动作（action），即拒绝（deny）和允许（permit），分别指拒绝和允许数据包通过。

（3）在路由选择前，应用在接口进栈方向的 ACL 起作用；在路由选择后，应用在接口出栈方向的 ACL 起作用。

（4）每个 ACL 的结尾有一个隐含的"拒绝所有数据包（deny all）"规则。所以，如果数据包在 ACL 中没有任何匹配列表项，则该数据包将被拒绝通过。

如图 7-1 所示为 ACL 入栈匹配的工作流程，如图 7-2 所示为 ACL 的出栈匹配的工作流程。

7.1.4　ACL 应用的基本原则

在应用 ACL 时，一般需要注意以下基本原则。

（1）ACL 规则是按照名称或编号来进行分组。

（2）每个 ACL 规则都只有一组条件及其对应的操作，如果需要多个条件或多个行动，则必须使用多个 ACL 规则。

（3）如果一个 ACL 规则的条件中没有找到匹配项，则处理 ACL 中的下一个规则。

（4）如果在 ACL 中的一个列表项中找到匹配项，则不再处理后面的规则。

（5）如果处理了列表中的所有规则而没有指定的匹配项，则在列表最后隐藏的隐式规则拒绝该数据包。

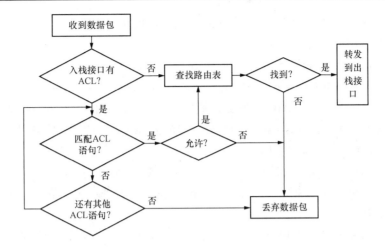

图 7-1　ACL 入栈匹配工作流程

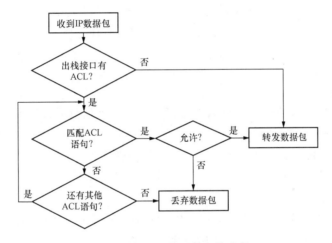

图 7-2　ACL 出栈匹配工作流程

（6）由于在 ACL 规则组的最后隐藏有隐式规则，所以至少要有一个允许操作，否则，所有数据包都会被拒绝。

（7）规则的顺序很重要，约束性最强的规则应该放在列表的顶部，约束性最弱的规则应该放在列表的底部。

（8）只能在每个接口、每个协议、每个方向上应用一个 ACL。

（9）在数据包被路由到其他接口之前，处理入栈 ACL。

（10）在数据包被路由到接口之后，而在数据包离开接口之前，处理出栈 ACL。

（11）当 ACL 应用到一个接口时，这将会影响通过该接口的流量，但 ACL 不会过滤路由器本身产生的流量。

7.1.5　ACL 的配置

（1）标准 ACL 的配置。配置标准 ACL 的命令格式如下。

Router(config)#access-list [listnumber] [permit | deny] [host | any] [sourceaddress] [wildcard-mask] [log]

1）list number——列表编号，标准 IP 访问表的列表编号范围是 1～99 和 1300～1999。

2）permit/deny——允许或拒绝， permit 表示允许报文通过接口，而 deny 表示匹配标准 IP 访问表源地址的报文要被丢弃掉。

3）source address——源地址，标准的 IP 访问表的源地址是主机的点分十进制数表示。

4）host/any——主机匹配，host 和 any 分别用于指定单个主机和所有主机。host 表示一种精确的匹配，其屏蔽码为 0.0.0.0。例如，假定允许从 192.168.6.18 来的报文，则使用标准的访问控制列表规则为"access-list 1 permit 192.168.6.18 0.0.0.0"；如果采用 host，可以用规则"access-list 1 permit host 192.168.6.18"来代替。

5）wildcardmask——通配符屏蔽码。Cisco 访问表功能所支持的通配符屏蔽码与子网屏蔽码的方式是刚好相反的，也就是说，二进制的 0 表示一个"匹配"条件，二进制的 1 表示一个"不关心"条件。

6）Log——访问列表日志记录。log 关键字只在高于 11.3 版本的 IOS 才支持。如果该关键字用于访问表中，则对那些能够匹配访问表中的 permit 和 deny 语句的报文进行日志记录。日志信息包含 ACL 列表编号、报文的允许或拒绝的操作、源 IP 地址等。

（2）扩展 ACL 的配置。配置扩展 ACL 的基本格式如下。

```
Router(config)#access-list access-list-number {permit | deny} protocol {any | source [source-mask]} [src-port-number]  {any | destination [destination-mask]} [dst-port-number]
```

1）list number——列表编号，扩展 ACL 的列表编号的取值范围为 100～199 及 2000～2699。

2）protocol——协议。协议项定义了需要被过滤的协议，例如 IP、TCP、UDP、ICMP 等。管理员应该注意将相对重要的过滤项放在靠前的位置。

3）src-port-number——源端口号。源端口号可以用几种不同的方法来指定。它可以显式地指定，使用一个数字或者使用一个可识别的助记符。例如，我们可以使用 80 或者 http 来指定 Web 的超文本传输协议。对于 TCP 和 UDP，可以使用操作符 "lt"(小于)、"gt"(大于)、"eq"(等于)、"neq"(不等于)来进行设置。dst-port-number 目的端口号，它的指定方法与源端口号的指定方法相同。可以使用数字、助记符或者使用操作符与数字或助记符相结合的格式来指定一个端口范围。

（3）基于命名的 ACL 配置。配置基于命名的 ACL 的命令格式如下。

1）定义基于命名的 ACL。

```
Router(config)#ip access-list { standard | extended } list-name
```

其中，list-name 为基于命名的 ACL 的名字；standard 为标准的基于命名的 ACL；extended 为扩展的基于命名的 ACL。

2）进入基于命名 ACL 的配置模式。

标准：`Router(config-std-nacl)# {permit | deny} {source [source-wildcad] |any }`

扩展：`Router(config-ext-nacl)#{permit | deny} protocol {any | source [source-mask]} [src-port-number] {any | destination [destination-mask]} [dst-port-number]`

（4）基于时间的 ACL 配置。基于时间的 ACL 由两部分组成，第一部分为定义时间范围，第二部分为用扩展 ACL 定义规则。具体的命令格式如下。

`Router(config)#time-range time-range-name absolute [start time date] [end`

```
time date] periodic days-of-the week hh:mm to [days-of-the week] hh:mm
```

1）time-range-name——是指时间范围的名称，在之后的 ACL 中进行引用。

2）absolute——用来指定绝对的时间范围，其后紧跟 start 和 end 两个关键词，且它们之后定义的时间是以"24 小时制、hh:mm（小时：分钟）"表示，日期以"日/月/年"表示。如表示每天早上 8:00 到晚上 20:00，则定义的语句为"absolute start 8:00 end 20:00"；如定义 2012 年 12 月 21 日早上 9:00 生效到 2012 年 12 月 31 日晚上 24:00 停止，则定义的语句为"absolute start 9:00 21 December 2012 end 24:00 31 December 2012"。

3）periodic——是指以星期为参数来定义时间范围。其主要参数有 Monday、Tuesday、Wednesday、Thursday、Friday、Saturday、Sunday 中的一个或其中几个的组合，也可以是 daily（每天）、weekday（周一到周五）或 weekend（周末）。如语句"periodic weekday 8:00 to 17:00"表示每周一到周五的早 8:00 到下午 17:00。

7.2 标准 ACL 案 例

1. 案例应用场景分析

在一个公司网络中，网络管理员会根据业务需求来允许或者拒绝内部某个网段或者某台计算机访问外部网络。另外，也会设置一些特殊部门的网段或者服务器禁止外部门的网段或计算机进行访问。如财务部（Account）内的服务器数据相对比较重要，往往禁止别的部门的员工进行访问。这种需求一般都是针对某个网段或某台计算机的行为，即一个 IP 地址的范围或某个具体的 IP 地址，而通过设置标准 ACL 并进行应用就可以达到此目的。

本案例中要求只允许 Market 部门中的 PC 能够访问 FTPServer 这个服务器，而禁止部门中的其他计算机访问它。同时，禁止其他任何部门访问该服务器。

2. 案例拓扑图

如图 7-3 所示，C2691 路由器 R3 连接了两个网段，分别是 Market（市场部）：192.168.0.0/24 和 Account（财务部）：192.168.1.1/24。R3 又通过 C3640 路由器 R2 连接到 Internet。各个接口的 IP 地址参数配置如表 7-1 所示。其中，FTPServer 为 VirtualBOX 虚拟机中的 CentOS 操作系统主机，PC 为通过物理机本地网卡连接的计算机。

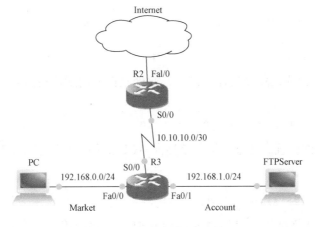

图 7-3 标准 ACL 的应用

表 7-1　　　　　　　　　　标准 ACL 应用各个接口 IP 地址配置

设备	接口	IP 地址	设备	接口	IP 地址
R2	S0/0	10.10.10.2/30	R3	S0/0	10.10.10.1/24
R2	F1/0	202.102.2.1/24	R3	f0/0	192.168.0.254/24
R3	f0/1	192.168.1.254/24	FTPServer	e2	192.168.1.1/24
PC（物理机）	f0/0	192.168.0.100/24			

3. 配置步骤

（1）路由器接口 IP 地址配置。

1）路由器 R3 的接口配置。

```
R3#conf t
R3(config)#int fa 0/0
R3(config-if)#ip add 192.168.0.254 255.255.255.0
R3(config-if)#no sh
R3(config)#int fa 0/1
R3(config-if)#ip add 192.168.1.254 255.255.255.0
R3(config-if)#no sh
R3(config-if)#exit
R3(config)#int ser 0/0
R3(config-if)#ip add 10.10.10.1 255.255.255.252
R3(config-if)#no sh
R3(config-if)#clock rate 64000
R3(config-if)#exit
```

2）路由器 R2 的接口配置。

```
R2#conf t
R2(config)#int ser 0/0
R2(config-if)#ip add 10.10.10.2 255.255.255.252
R2(config-if)#no sh
R2(config-if)#exit
R2(config)#int fa 1/0
R2(config-if)#ip add 202.102.2.1 255.255.255.0
R2(config-if)#no sh
R2(config-if)#exit
```

（2）配置路由。因为网络结构比较简单，此处直接采用默认路由。

```
R3(config)#ip route 0.0.0.0 0.0.0.0 10.10.10.2
R2(config)#ip route 0.0.0.0 0.0.0.0 10.10.10.1
```

（3）标准 ACL 的配置。通过分析，该标准 ACL 的创建应该放在 R3 路由器，因为其离目标对象最接近。

```
R3(config)#access-list 1 permit host 192.168.0.100
```

因为只允许一个节点访问目标对象，而其他节点都拒绝，因此，只需一条允许主机

192.168.0.100 的 ACL 规则，拒绝其他的节点的 ACL 规则已经包含在 ACL 的隐含规则中了（deny any）。

（4）标准 ACL 的应用。

```
R3(config)#int fa 0/1
R3(config-if)#ip access-group 1 out  //在 Fa0/1 的 out 方向应用编号为 1 的标准 ACL
```

4. 调试验证

（1）测试与 FTP 的连通性。在 PC 上，即在物理机（Windows 系统）上运行 cmd 命令，打开命令提示符界面，输入 ping 192.168.1.1，可以发现能与 FTPServer 连通。

```
C:\ >ping 192.168.1.1
正在 Ping 192.168.1.1 具有 32 字节的数据：
来自 192.168.1.1 的回复: 字节=32 时间=6ms
来自 192.168.1.1 的回复: 字节=32 时间=4ms
来自 192.168.1.1 的回复: 字节=32 时间=4ms
来自 192.168.1.1 的回复: 字节=32 时间=4ms
192.168.1.1 的 Ping 统计信息：
    数据包: 已发送 = 4，已接收 = 4，丢失
往返行程的估计时间（以毫秒为单位）：
    最短 = 4ms，最长 = 6ms，平均 = 4ms
```

再在 R2 上 ping 192.168.1.1，发现不能到达目的地。

```
R2#ping 192.168.1.1
Type escape sequence to abort.
Sending 5, 100-byte ICMP Echos to 192.168.1.1, timeout is 2 seconds:
U.U.U                          //目的不可达
Success rate is 0 percent (0/5)
```

（2）验证 ACL 配置。

```
R3#show access-lists              //查看访问控制列表
Standard IP access list 1
    10 permit 192.168.0.100
R3#show run                        //查看 running-config
Building configuration...
Current configuration : 1100 bytes
!
version 12.4
...                                //此处省略
interface FastEthernet0/0
 ip address 192.168.0.254 255.255.255.0
 duplex auto
 speed auto
!
interface Serial0/0
 ip address 10.10.10.1 255.255.255.252
 clock rate 64000
!
interface FastEthernet0/1
```

```
 ip address 192.168.1.254 255.255.255.0
 ip access-group 1 out              //在接口 Fa0/1 中应用
 duplex auto
 speed auto
!
interface FastEthernet1/0
 no ip address
 shutdown
 duplex auto
 speed auto
!
ip route 0.0.0.0 0.0.0.0 10.10.10.2
!
!
no ip http server
no ip http secure-server
!
access-list 1 permit 192.168.0.100
!
!
…                                   //余下省略
```

5．要点分析

标准 ACL 是针对源 IP 地址进行访问控制，它只能允许或拒绝整个节点的所有通信。例如，拒绝某节点访问外部网络，则整个节点的所有通信量将都会被拒绝。因此，标准 ACL 适用于控制粒度较粗的场合，如果要针对某种具体的协议或服务来进行控制，则标准 ACL 已经不能胜任了，只能交给扩展 ACL 来实现。

7.3 扩展 ACL 案例

1．案例应用场景分析

在企业网络中，一般都会提供一些资源服务，如 FTP 服务、WWW 服务、MAIL 服务等。这些服务中，有的可能需要对所有用户提供，有的可能对部分用户提供；有的需要向内网用户提供，有的需要向外网用户提供。而通过扩展 ACL 可以比较方便地实现对不同用户访问不同服务资源的控制。

例如，本例中允许一个部门 Market 中的所有用户都能且只能访问 FTPServer 主机上的 FTP 服务，允许部门 Sales 中的 SalesPC1 访问 FTPServer 主机上的 FTP 服务，但不允许其用 ping 命令来测试其余 FTPServer 主机的连通性，部门中其他主机访问 FTP 服务不受限制。

2．案例拓扑图

如图 7-4 所示，交换机 Switch 上连接有部门 Sales 的两台计算机（SalesPC1 和 SalesPC2），部门 Market 中的计算机 MarketPC 连接在路由器 C3640 上，公司的 FTP 服务器 FTPServer 连接在路由器 R1 上。交换机连接到路由器 R1 的 Fa2/0 接口，路由器 R1 的 Fa0/0 接口与 R2 的 Fa0/0 连接。网络中各个设备的接口的 IP 地址参数配置如表 7-2 所示。

任务 7 网络安全访问控制

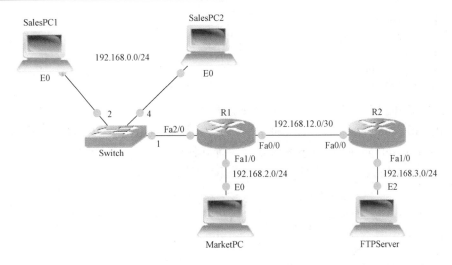

图 7-4 扩展 ACL 应用

表 7-2　　　　　　　　　扩展 ACL 应用各个接口 IP 地址配置

设备	接口	IP 地址	设备	接口	IP 地址
R1	Fa0/0	192.168.12.1/24	R2	Fa0/0	192.168.12.2/24
R1	Fa1/0	192.168.2.1/24	R2	Fa1/0	192.168.3.1/24
R1	Fa2/0	192.168.0.254/24	SalesPC1	E0	192.168.0.1/24
SalesPC2	E0	192.168.0.2/24	MarketPC	E0	192.168.2.2/24
FTPServer	E2	192.168.3.2/24			

3. 配置步骤

（1）各接口 IP 地址参数配置。

1）路由器 R1 的接口配置。

```
R1#conf t
R1(config)#int fa 0/0
R1(config-if)#ip add 192.168.12.1 255.255.255.0
R1(config-if)#no sh
R1(config-if)#exit
R1(config)#int fa 1/0
R1(config-if)#ip add 192.168.2.1 255.255.255.0
R1(config-if)#no sh
R1(config-if)#exit
R1(config)#int fa 2/0
R1(config-if)#ip add 192.168.0.254 255.255.255.0
R1(config-if)#no sh
R1(config-if)#exit
```

2）路由器 R2 的接口配置。

```
R2#conf t
R2(config)#int fa 0/0
R2(config-if)#ip add 192.168.12.2 255.255.255.0
R2(config-if)#no sh
```

```
R2(config-if)#exit
R2(config)#int fa 1/0
R2(config-if)#ip add 192.168.3.1 255.255.255.0
R2(config-if)#no sh
R2(config-if)#exit
```

3）各个部门的 PC 机及 FTPServer 的 IP 地址设置：

通过 ifconfig ethN ipaddress netmask mask 命令来设置 Linux 计算机的 IP 地址和地址掩码；通过 route add default gw gatewayipaddress 来设置其默认网关。

（2）配置路由协议。在路由器 R1 和 R2 上配置默认路由。

```
R1(config)#ip route 0.0.0.0 0.0.0.0 192.168.12.2
R2(config)#ip route 0.0.0.0 0.0.0.0 192.168.12.1
```

（3）扩展 ACL。

```
R1(config)#access-list 101 permit tcp 192.168.2.0 0.0.0.255 host 192.168.3.2 eq ftp
//建立扩展访问控制列表 101，允许 MarketPC 访问 FTP
R1(config)#access-list 102 permit tcp host 192.168.0.1 host 192.168.3.2 eq ftp
//建立扩展访问控制列表 102，允许 SalesPC1 访问 FTPServer 的 FTP 服务
R1(config)#access-list 102 deny icmp host 192.168.0.1 host 192.168.3.2
//建立扩展访问控制列表 102，禁止 SalesPC1 去 ping FTPServer
R1(config)#access-list 102 permit ip any any    //允许其他访问服务
R1(config)#
```

（4）在接口上应用扩展 ACL。

```
R1(config)#int fa 1/0
R1(config-if)#ip access-group 101 in        //在接口 fa1/0 上应用编号 101 的 ACL
R1(config-if)#exit
R1(config)#int fa 2/0
R1(config-if)#ip access-group 102 in        //在接口 fa2/0 上应用编号 101 的 ACL
R1(config-if)#exit
R1(config)#
```

4．调试验证

在 SalesPC1 上使用 FTP 命令访问 FTPServer 的 FTP 服务。如图 7-5 所示，输入 FTP 的匿名账号"anonymous"，密码为空进行登录。登录成功后可以使用 FTP 的相关命令进行操作，如 ls、pwd 等。

图 7-5 FTP 服务测试

> **注意**
>
> 如果在 SalesPC1 上不能连接 FTP 服务，出现 "ftp: connect: No route to host" 的错误信息，则可以在 FTPServer 计算机上停止 IPtables 服务即可（/etc/init.d/iptables stop）。

在 SalesPC1 上使用 ping 命令测试与 FTPServer 的连通性，发现不能 ping 通，如图 7-6 所示。

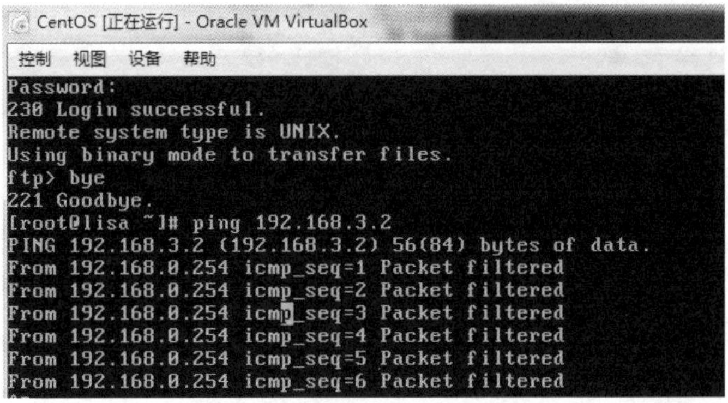

图 7-6 ping 测试

使用同样的方法在 SalesPC2 和 MarketPC 上测试，SalesPC2 的访问服务不受任何影响，而 MarketPC 只能访问 FTPServer 上的 FTP 服务，其他服务则不能访问。

5．要点分析

网络中的计算机采用 CentOS6 系统的 Linux 主机，在 FTPServer 上安装 FTP 服务（使用 yum install vsftpd 命令安装）。在 SalesPC1、SalesPC2 及 MarketPC 上安装 FTP 客户端。例如，在 CentOS6.x 上安装的命令为

rpm -Uvh http://mirror.centos.org/centos/6/os/i386/Packages/ftp-0.17-51.1.el6.i686.rpm

本例中访问服务的限制是针对 FTPServer 的服务，对其他网段及主机的访问则没有影响。

7.4 基于命名的 ACL 案例

1．案例应用场景分析

对于网络管理员来说，管理基于数字编号的标准 ACL 和扩展 ACL 时，如果 ACL 的数量比较多，则以数字编号来命名的 ACL 较难记忆，而基于命名的 ACL 可以根据 ACL 的用途或应用的位置等方式来进行命名，这样有利于管理员今后的管理和维护。此外，对基于命名的 ACL 的规则的修改也比前两者更加灵活。

本案例中将实现以下目的。

（1）SalesPC 只能访问 WWWServer 的 web 站点，允许其 ping 测试与 MarketPC 的连通性。

（2）禁止 SalesPC、MarkPC 与 AccountPC 所在网段的计算机通信，其他计算机的通信不受影响。

（3）禁止 Market 访问 WWWServer 的 Web 站点，但其他服务不受影响。

2. 案例拓扑图

如图 7-7 所示，C3640 路由器（R1）、C2621 路由器（R2 和 R3）分别通过串行接口进行连接，一台 Windows Server 2003 服务器（WWWServer）连接到 R1 路由器，其上已经安装了 WWW 服务，并架设了网站 www.rsweb.com，且安装了 DNS 服务。部门计算机 SalesPC 和 AccountPC 分别连接到 R2 路由器的 fa0/0 接口和 fa0/1 接口，部门计算机 MarketPC 连接到 R3 路由器的 fa0/0 接口。各个设备的接口 IP 地址参数配置如表 7-3 所示。

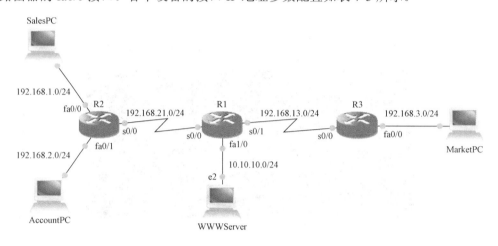

图 7-7 基于命名的 ACL

表 7-3　　　　　　　　基于命名的 ACL 的各个接口 IP 地址配置

设备	接口	IP 地址	设备	接口	IP 地址
R1	s0/0	192.168.21.2/24	R2	s0/0	192.168.21.1/24
R1	S0/1	192.168.13.1/24	R3	S0/0	192.168.13.2/24
R1	fa1/0	10.10.10.1/24	WWWServer	e2	10.10.10.10/24
SalesPC	e2	192.168.1.2/24	R2	fa0/0	192.168.1.1/24
AccountPC	e2	192.168.2.2/24	R2	fa0/1	192.168.2.1/24
MarketPC	e2	192.168.3.2/24	R3	fa0/0	192.168.3.1/24

3. 配置步骤

（1）各接口 IP 地址参数配置。

1）路由器 R1 的接口配置。

```
Router>enable
Router#conf terminal
Router(config)#no ip domain-lookup                    //关闭 DNS 查询
Router(config)#hostname R1
R1(config)#int ser 0/0
R1(config-if)#ip add 192.168.21.2 255.255.255.0
R1(config-if)#no sh
R1(config-if)#exit
R1(config)#int fa 1/0
R1(config-if)#ip add 10.10.10.1 255.255.255.0
```

```
R1(config-if)#no sh
R1(config)#int ser 0/1
R1(config-if)#ip add 192.168.13.1 255.255.255.0
R1(config-if)#no sh
R1(config-if)#clock rate 64000
R1(config-if)#exit
```

2）路由器 R2 的接口配置。

```
Router>enable
Router#conf terminal
Router(config)#no ip domain-lookup
Router(config)#hostname R2
R2(config)#int fa 0/0
R2(config-if)#ip add 192.168.1.1 255.255.255.0
R2(config-if)#no sh
R2(config-if)#exit
R2(config)#int fa 0/1
R2(config-if)#ip add 192.168.2.1 255.255.255.0
R2(config-if)#no sh
R2(config-if)#exit
R2(config)#int ser 0/0
R2(config-if)#ip add 192.168.21.1 255.255.255.0
R2(config-if)#no sh
R2(config-if)#clock rate 64000
R2(config-if)#exit
```

3）路由器 R3 的接口配置。

```
Router>enable
Router#conf terminal
Router(config)#no ip domain-lookup
Router(config)#hostname R3
R3(config)#int ser 0/0
R3(config-if)#ip add 192.168.13.2 255.255.255.0
R3(config-if)#no sh
R3(config-if)#exit
R3(config)#int fa 0/0
R3(config-if)#ip add 192.168.3.1 255.255.255.0
R3(config-if)#no sh
R3(config-if)#exit
```

（2）配置路由协议。

1）路由器 R1 的路由协议配置。

```
R1(config)#router rip
R1(config-router)#ver 2
R1(config-router)#no auto-summary              //关闭路由自动汇总
R1(config-router)#network 192.168.21.0
R1(config-router)#network 192.168.13.0
R1(config-router)#network 10.10.10.0
R1(config-router)#exit
```

2）路由器 R2 的路由协议配置。

```
R2(config)#router rip
R2(config-router)#ver 2
R2(config-router)#no auto-summary
R2(config-router)#network 192.168.1.0
R2(config-router)#network 192.168.2.0
R2(config-router)#network 192.168.21.0
R2(config-router)#exit
```

3）路由器 R3 的路由协议配置。

```
R3(config)#router rip
R3(config-router)#ver 2
R3(config-router)#no auto-summary
R3(config-router)#network 192.168.3.0
R3(config-router)#network 192.168.13.0
R3(config-router)#end
```

（3）基于命名的 ACL 的配置。

1）在 R2 路由器上配置命名的 ACL。

```
R2(config)#ip access-list extended salesPC-ACL          //建立扩展命名 ACL
R2(config-ext-nacl)#permit tcp host 192.168.1.2 host 10.10.10.10 eq www
//允许 SalesPC 访问 WWWServer(IP:10.10.10.10)上的网站 www.rsweb.com
R2(config-ext-nacl)#permit icmp host 192.168.1.2 host 192.168.3.2
//允许 SalesPC 去 ping 测试与 MarketPC 的连通性
R2(config-ext-nacl)#exit
R2(config)#ip access-list standard denySales-Market     //建立标准命名 ACL
R2(config-std-nacl)#deny host 192.168.1.2               //拒绝 SalesPC
R2(config-std-nacl)#deny host 192.168.3.2               //拒绝 MarketPC
R2(config-std-nacl)#permit any                          //其他都允许
R2(config-std-nacl)#exit
```

2）在 R3 路由器上配置命名的 ACL。

```
R3(config)#ip access-list extended denyWWW              //建立扩展命名 ACL
R3(config-ext-nacl)#deny tcp host 192.168.3.2 host 10.10.10.10 eq www
//拒绝 MarketPC 访问 WWWServer(IP:10.10.10.10)上的网站 www.rsweb.com
R3(config-ext-nacl)#permit ip any any                   //其他都允许
R3(config-ext-nacl)#exit
```

（4）基于命名的 ACL 的应用。

1）在 R2 路由器的接口应用 ACL。

```
R2(config)#int fa 0/0
R2(config-if)#ip access-group salesPC-ACL in
                                            //在 fa0/0 入栈应用 SalesPC-ACL
R2(config-if)#exit
R2(config)#int fa 0/1
R2(config-if)#ip access-group denySales-Market out
                                    //在 fa0/1 出栈应用 denySales-Market
```

2）在 R3 路由器的接口应用 ACL。

```
R3(config)#int fa 0/0
R3(config-if)#ip access-group denyWWW in    //在 fa0/0 入栈应用 denyWWW
```

```
R3(config-if)#end
```

（5）配置各台计算机的 IP 地址及相关参数。配置各台计算机的 IP 地址、子网掩码、网关及 DNS 等信息，参见前面例子。

4. 调试验证

在 SalesPC 上访问 WWWServer 的 www.rsweb.com 站点，如图 7-8 所示，SalesPC 能够成功访问。

图 7-8　访问 www.rsweb.com 站点

使用 ping 命令去测试其与 MarketPC 的连通性，发现可以连通。再用 ping 去测试与 AccountPC 的连通性，则发现被拒绝。

在 MarketPC 上去访问 WWWServer 的 www.rsweb.com 站点，发现其访问被拒绝，但是其可以 ping 通 WWWServer。

5. 要点分析

在本例中，标准命名 ACL 与扩展命名 ACL 可以同时存在。要删除某条 ACL 的规则，则可以使用 no 命令来删除。例如：

```
R1(config)#ip access-list extended ACL
R1(config-ext-nacl)#permit ip any any
R1(config-ext-nacl)# ip access-list deny tcp 1.1.1.1 0.0.0.255 192.168.0.1 0.0.0.0 eq www
R1(config-ext-nacl)#no permit ip any any         //删除之前建立的 ACL 规则
R1(config-ext-nacl)#exit
```

7.5　基于时间的 ACL 案例

1. 案例应用场景分析

在公司网络中，往往需要通过设置一些规则来规定员工在工作时间段内只能做跟工作相关的事情，而在非工作时间段内，则基本不做限制。例如，工作时间内不能访问 Internet 或工作时间内不能聊天、玩网络游戏等。

本案例中通过设置基于时间的 ACL 来实现以下目标。

（1）设置局域网用户不能在周一到周五的工作时间（8:00～16:30）访问 Internet。

（2）设置 InternetPC 在 2012 年 24:00 前访问旧版网站 http://www.rsweb.com（172.16.1.100），2013 年 00:00 点之后访问新版网站 http//www.rsweb.com（172.16.1.101）

2. 案例拓扑图

如图 7-9 所示，局域网中两台计算机（WWWServer 和 PC）通过交换机 SW1 连接到 C2691

路由器（R1），R1 通过广域网链路连接到 C3640 路由器（R2），R2 上连接有一台计算机（InternetPC）。各个设备的接口 IP 地址参数配置如表 7-4 所示。

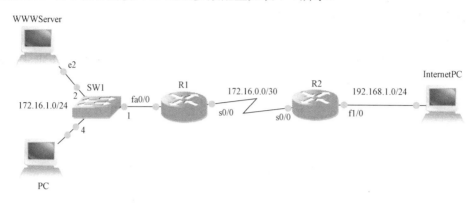

图 7-9　基于时间的 ACL

表 7-4　　　　　　　基于时间的 ACL 的各个接口 IP 地址配置

设备	接口	IP 地址	设备	接口	IP 地址
R1	s0/0	172.16.0.1/30	R2	s0/0	172.16.0.2/30
R1	fa0/0	172.16.1.1/24	R2	fa1/0	192.168.1.1/24
WWWServer	e2	172.16.1.100/24	WWWServer	e2	172.16.1.101/24
PC	e2	172.16.1.2/24	InternetPC	e2	192.168.1.2/24

3. 配置步骤

（1）各接口 IP 地址参数配置。

1）路由器 R1 的接口配置。

```
R1#conf t
R1(config)#int fa 0/0
R1(config-if)#ip add 172.16.1.1 255.255.255.0
R1(config-if)#no sh
R1(config-if)#exit
R1(config)#int ser 0/0
R1(config-if)#ip add 172.16.0.1 255.255.255.252
R1(config-if)#no sh
R1(config-if)#clock rate 64000
R1(config-if)#exit
```

2）路由器 R2 的接口配置。

```
R2#conf t
R2(config)#int ser 0/0
R2(config-if)#ip add 172.16.0.2 255.255.255.252
R2(config-if)#no sh
R2(config-if)#exit
R2(config)#int fa 1/0
R2(config-if)#ip add 192.168.0.1 255.255.255.0
R2(config-if)#no sh
R2(config-if)#exit
```

（2）路由器时钟及路由设置。

1）R1 时钟及路由设置。

```
R1#clock set 10:50:00 09 December 2012    //时钟设置 "hh:mm:ss date Month Year"
R1(config)#ip route 0.0.0.0 0.0.0.0 172.16.0.2    //配置默认路由
```

2）R2 时钟及路由设置。

```
R2#clock set 10:51:00 09 December 2012    //时钟设置 "hh:mm:ss date Month Year"
R2(config)#ip route 0.0.0.0 0.0.0.0 172.16.0.1    //配置默认路由
```

（3）设置基于时间的 ACL。

```
R1(config)#time-range worktime            //设置时间段的名称为 worktime
R1(config-time-range)#periodic weekdays 08:00 to 16:30
//时间段位每周工作日 8:00～16:30
R1(config-time-range)#exit
R1(config)#access-list 101 deny ip any any time-range worktime
//在 worktime 定义的时间段内拒绝任何的 IP 访问
R1(config)#access-list 101 permit ip any any
//在 worktime 定义的时间段之外允许所有的 IP 访问
R1(config)#int fa 0/0
R1(config-if)#ip access-group 101 out    //在 fa0/0 的出栈方向应用基于时间的 ACL
R1(config)#time-range webaccess           //定义时间段的名称为 "webaccess"
R1(config-time-range)#absolute end 23:59 31 December 2012
//定义时间段为 2012 年 23:59 之前
R1(config-time-range)#exit
R1(config)#ip access-list extended web  //建立命名的扩展 ACL
R1(config-ext-nacl)#permit tcp any host 172.16.1.100 eq 80 time-range webaccess
//允许在 2012 年 23:59 之前访问旧版网站
R1(config-ext-nacl)#deny tcp any host 172.16.1.101 eq 80 time-range webaccess
//拒绝在 2012 年 23:59 之前访问新版网站
R1(config-ext-nacl)#permit tcp any host 172.16.1.101 eq 80
//允许访问新版网站
R1(config-ext-nacl)#exit
R1(config)#int ser 0/0
R1(config-if)#ip access-group web in     //在 serial0/0 接口应用命名 ACL
```

4．调试验证

（1）在工作时间段内（每周工作日 8:00～16:30）测试局域网中的 WWWServer 和 PC 与外部网络（如 InternetPC）的通信情况。结果应该是不能通信，而在该时间段范围外，通信不受影响。

（2）在 2012 年 24:00 前访问 www.rsweb.com，结果应该为旧版网站，2013 年 00:00 之后为新版网站。

5．要点分析

在 WWWServer 服务器的接口上绑定两个 IP 地址，分别是 172.16.1.100 和 172.16.1.101。前者作为旧版网站的 IP 地址，后者为新版网站的 IP 地址。同时，在 DNS 中，新建两个 WWW 主机记录，分别将 www.rsweb.com 绑定到 172.16.1.100 和 172.16.1.101 这两个地址。

在路由器上的系统时间必须设置，否则会影响访问结果。

习 题

理论基础知识：

1．ACL 的主要作用有哪些？
2．ACL 有哪些种类？
3．ACL 出入栈的匹配的工作流程是什么？
4．ACL 应用有哪些主要原则？
5．标准 ACL 与扩展 ACL 列表编号的范围各是多少？
6．举例说明 ACL 在网络安全管理中有哪些主要的应用场合？

实践操作：

如图 7-10 所示，四个路由器组成一个网络环境，R1、R2、R3 分别通过串行链路连接到 Router，要求完成以下内容。

（1）配置路由器各个接口 IP 地址，R1 与 Router 链路所在网段为 192.168.1.0/24；R2 与 Router 链路所在网段为 192.168.2.0/24；R3 与 Router 链路所在网段为 192.168.3.0/24。

（2）使用单区域 OSPF 协议互连整个网络。

（3）在 R2 上开启远程登录服务。

（4）不允许 R1 访问 R3 的内部网络（3.3.3.0/24）。

（5）不允许 R1 ping R2。

（6）只允许 R1 路由器通过 telnet 访问 R2 路由器的远程登录服务。

（7）禁止 1.1.1.0/24 网络访问 3.3.3.0/24 网络。

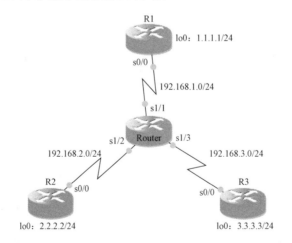

图 7-10 ACL 实践操作

任务 8　网络地址转换配置

当前，随着 Internet 的飞速发展，其在人们生活中的应用也越来越广泛。越来越多的企业及用户都加入到了 Internet，这使得原先在 Internet 中采用的 IP 协议（IPv4）已经不能满足用户数量的需求，出现了地址不够用的问题，这在一定程度上也制约着 Internet 的发展。新的 IP 协议（IPv6）的诞生能够解决这一问题，但是，在 IPv6 协议还未完全普及之前，如何解决地址不够用的问题是 Internet 碰到的主要问题之一。而网络地址转换技术是在 IPv4 彻底退出历史舞台之前的一项可以缓解 IP 地址不够用问题的技术。

8.1　网络地址转换技术的认知

8.1.1　什么是 NAT 网络地址转换技术

网络地址转换（Network Address Translation，NAT）技术是一种广域网接入技术，它可以将私有地址转换成合法地址。NAT 技术不仅科技解决 IP 地址不够用的问题，还可以隐藏内部网络的计算机，从而减少来自外部网络的攻击。

私有 IP 地址是指只能在局域网内部使用，而不能在 Internet 使用的地址。在 RFC1918 中定义了以下三个块的私有 IP 地址。

（1）A 类私有地址范围：10.0.0.0～10.255.255.255。

（2）B 类私有地址范围：172.16.0.0～172.31.255.255。

（3）C 类私有地址范围：192.168.0.0～192.168.255.255。

一般情况下，NAT 技术会在公司或企业局域网需要连接到 Internet 时，而公司又没有申请足够的合法 IP 地址来提供给局域网内的所有主机来使用的情况下来进行使用。另外，公司或企业局域网出于安全的角度考虑，想隐藏自己的内部网络结构，可以利用 NAT 技术来实现内部局域网和外部 Internet 的隔离。

8.1.2　NAT 的工作原理

1. NAT 的几个相关术语

（1）inside local（内部本地地址）：在内部网络中使用的主机的地址，一般情况下该地址是 RFC1918 中定义的私有地址。

（2）inside global（内部全局地址）：通常情况下 inside global 地址是一个由 ISP 提供的合法 IP 地址，inside global 代表了一个或多个内部的私用 IP 地址，在内网和外网设备通信时所使用。

（3）outside local（外部本地地址）：外部网络中的设备所使用的 IP 地址，这个地址在面向内网设备时所使用，并不一定是合法 IP 地址。

（4）outside global（外部全局地址）：在外部网络设备上所使用的真正的合法 IP 地址。

> **注意**
>
> 举例说明这四个地址。inside local 自己在家里穿的拖鞋,inside global 自己上班时穿的皮鞋,outside local 朋友到家里来访给朋友准备的拖鞋,outside global 朋友自己的鞋,不管是他的拖鞋还是皮鞋。

2. NAT 的工作流程

当内部网络中的某台主机要访问外部网络时,它先将数据包传输给 NAT 路由器,NAT 路由器从该数据包的报头中获取其源 IP 地址相关信息,并对照 NAT 路由器中的 NAT 映射表,找出与该 IP 地址相匹配的映射项,并用映射项中所对应的内部全局地址(全球唯一的 IP 地址)来替换内部局部地址,然后将该数据包进行转发。

如图 8-1 所示,源地址属于内部网络的数据包有一个内部本地地址性质的源地址和一个作为目的地址的外部本地地址。当这个数据包发送到外部网络时,数据包的源地址被转换为内部全局地址,而目的地址被转换为外部全局地址。反过来,一个源地址属于外部网络的数据包处于外部网络时,它的源地址称为外部全局地址,而它的目的地址称为内部全局地址。当这个数据包发送到内部网络时,它的源地址被转换为外部本地地址,目的地址转换为内部本地地址。

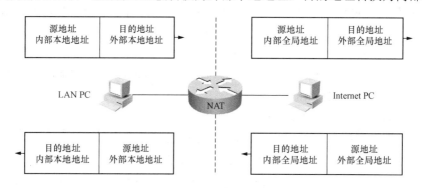

图 8-1　NAT 工作过程

8.1.3　NAT 的类型

NAT 技术主要可以分为三种类型。

(1)静态 NAT 技术。静态转换是最简单的一种转换方式,它在 NAT 表中为每一个需要转换的内部地址创建了固定的转换条目,映射了唯一的全局地址。内部地址与全局地址一一对应。每当内部节点与外界通信时,内部地址就会转化为对应的全局地址。

当外出的数据包到达边缘网关时,从 NAT 表中查找相应的静态转换条目,检索出对应的全局地址,并替换数据包中的源地址(内部地址)。而当外部的数据包要通过边缘网关的时候,目的地址(全局地址)被替换成相应的内部地址。

(2)动态 NAT 技术。动态转换将可用的全局地址集定义成 NAT 池(NAT pool)。对于要与外界进行通信的内部节点,如果还没有建立转换映射,边缘路由器或者防火墙将会动态地从 NAT 池中选择全局地址对内部地址进行转化。每个转换条目在连接建立时动态建立,而在连接终止时会被回收。这样,网络的灵活性大大增强,所需要的全局地址进一步减少。值得注意的是,当 NAT 池中的全局地址被全部占用以后,以后的地址转换的申请会被拒绝。这样会造成网络连通性的问题。所以应该使用超时操作选项来回收 NAT 池的全局地址。另外，由于每次的地址转换是动态的，所以同一个节点在不同的连接中的全局地址是不同的。

外出的数据包到达边缘网关的时候，首先检查 NAT 表，看是否已经建立映射。如果没有，则动态地从 NAT 池中映射一个全局地址，建立转换条目，并替换源地址。当连接终止时，转换条目被删除，全局地址被 NAT 池回收。

（3）NAPT 技术。网络端口地址转换（Network Address Port Translation，NAPT）是动态转换的一种变形。它可以使多个内部节点共享一个全局 IP 地址，而使用源和目的的 TCP/UDP 的端口号来区分 NAT 表中的转换条目及内部地址。这样，就更节省了地址空间。如图 8-2 所示，比如说，假设内部节点 1.1.1.3、1.1.1.2 都用源端口 1821 向外发送数据包。NAPT 路由器把这两个内部地址都转换成全局地址 100.100.1.1，而分别使用不同的源端口号：1590 和 1821。当接收方接收到的源端口号为 1590，则返回的数据包在边缘网关处，目的地址和端口被转换为 1.1.1.3:1821；而接收到的源端口号为 1821 的，目的被映射到 1.1.1.2:1821。

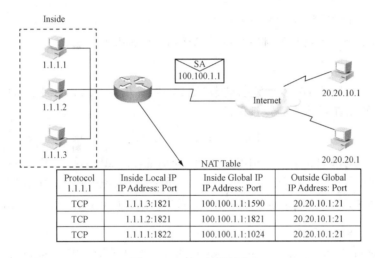

图 8-2 NAPT 地址转换

NAPT 可以使整个局域网都使用一个合法 IP 地址来接入 Internet，因此它常常用在合法地址不够用的公司或企业局域网中。

8.1.4 NAT 的配置

（1）静态 NAT 的配置步骤。静态 NAT 配置的主要步骤如下。

1）在内部本地地址与内部合法地址之间建立静态地址转换，即建立其映射关系。

```
Router(config)#ip nat inside source static InsidelocalIP InsideglobalIP
```

其中，InsidelocalIP 为内部本地地址，InsideglobalIP 为内部合法地址。

2）指定 NAT 路由器连接内部网络的内部接口（inside）。

```
Router(config-if)# ip nat inside
```

3）指定 NAT 路由器连接外部网络的外部接口（outside）。

```
Router(config-if)# ip nat outside
```

（2）动态 NAT 的配置。动态 NAT 配置的主要步骤如下。

1）定义动态 NAT 的内部合法地址池。

```
Router(config)#ip nat Poolname StartIP EndIP netmask Mask
```

其中，Poolname 为地址池名称，StartIP 为起始 Ip 地址，EndIP 为结束 IP 地址，Mask 为子网掩码。

2）定义一个标准的 access-list 规则以允许哪些内部地址可以进行动态地址转换。

```
Router(config)# access-list stdACLname permit sourceIP Wildcardbits
```

其中，stdACLname 为标准 ACL 的编号，sourceIP 为源 IP 地址，Wildcardbits 为通配符。

3）将由 access-list 指定的内部本地地址与指定的内部合法地址池进行地址转换，即建立地址池和内部合法地址的映射关系。

```
Router(config)#ip nat inside source list stdACLname pool Poolname
```

4）指定 NAT 路由器连接内部网络的内部接口（inside）。

```
Router(config-if)# ip nat inside
```

5）指定 NAT 路由器连接外部网络的外部接口（outside）。

```
Router(config-if)# ip nat outside
```

（3）NAPT 的配置。NAPT 配置与动态 NAT 的配置基本一致，主要步骤如下。

1）定义动态 NAT 的内部合法地址池。

```
Router(config)#ip nat Poolname StartIP EndIP netmask Mask
```

其中，Poolname 为地址池名称，StartIP 为起始 Ip 地址，EndIP 为结束 IP 地址，Mask 为子网掩码。因为 NAPT 只需要一个内部合法地址即可，所以将 StartIP 和 EndIP 设置为同一个地址。

2）定义一个标准的 access-list 规则以允许哪些内部地址可以进行动态地址转换。

```
Router(config)# access-list stdACLname permit sourceIP Wildcardbits
```

其中，stdACLname 为标准 ACL 的编号，sourceIP 为源 IP 地址，Wildcardbits 为通配符。

3）将由 access-list 指定的内部本地地址与指定的内部合法地址池进行地址转换，即建立地址池和内部合法地址的映射关系。

```
Router(config)#ip nat inside source list stdACLname pool Poolname overload
```

其中，overload 参数是指复用一个地址来进行网络地址转换。

4）指定 NAT 路由器连接内部网络的内部接口（inside）。

```
Router(config-if)# ip nat inside
```

5）指定 NAT 路由器连接外部网络的外部接口（outside）。

```
Router(config-if)# ip nat outside
```

8.2 静态 NAT 配置

1. 案例应用场景分析

某公司向 ISP 申请了若干个合法的 IP 地址，用作公司内部网络访问 Internet 时使用。但公司为了保证内部网络的安全，要求不能直接将合法地址分配给内部计算机使用，而是通过 NAT 来访问。假设公司有三个管理部门，每个部门主管的计算机分配一个合法的 IP 地址，但需要通过 NAT 来访问 Internet。

在这种情况下，静态 NAT 技术可以满足上述要求，它既保证三个部门的主管的计算机能够通过固定的合法地址访问 Internet，也能让这三台计算机不直接暴露在 Internet 上，从而在一定程度上保证了网络的安全。

2. 案例拓扑图

如图 8-3 所示，C2600 路由器 R1 通过串行线路与 C3640 路由器 R2 进行连接，R1 右边的网络作为外部网络，内部网络中，三个部门中的主管计算机都连接在交换机 SW1 上，SW1 通过快速以太口与 R1 进行连接。具体的接口 IP 地址配置如表 8-1 所示。

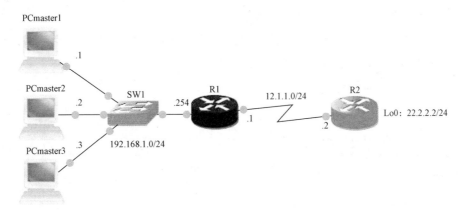

图 8-3 静态 NAT 配置

表 8-1　　　　　　　　　　静态 NAT 配置中各接口的 IP 地址配置

设备	接口	IP 地址	设备	接口	IP 地址
R1	S0/0	12.1.1.524	R2	S0/0	12.1.1.6/24
R1	F0/0	192.168.1.254/24	R2	Lo0	22.2.2.2/24
PCmaster1	fa0	192.168.1.1/24	PCmaster2	fa0	192.168.1.2/24
PCmaster3	fa0	192.168.1.3/24			

假设公司有三个可用的外部网络的地址分别为 12.1.1.1～12.1.1.3/24，分别与三个主管的 PC 机的内部网络地址（192.168.1.1～3/24）进行一对一的静态映射。

3. 配置步骤

（1）路由器各接口 IP 地址配置。

1）R1 路由器。

```
R1#conf t
R1(config)#int fa 0/0
R1(config-if)#ip add 192.168.1.254 255.255.255.0
R1(config-if)#no sh
R1(config-if)#exit
R1(config)#int ser 0/0
```

```
R1(config-if)#ip add 12.1.1.5 255.255.255.0
R1(config-if)#clock rate 64000
R1(config-if)#exit
```

2）R2 路由器。

```
R2#conf  t
R2(config)#int ser 0/0
R2(config-if)#ip add 12.1.1.6 255.255.255.0
R2(config-if)#no sh
R2(config-if)#exit
R2(config)#int lo 0
R2(config-if)#ip add 22.2.2.2 255.255.255.0
R2(config-if)#no sh
R2(config-if)#exit
```

（2）外部网络路由设置。外部网络通过设置 RIPv2 来建立模拟是外部网络环境。

1）R1 路由器设置。

```
R1(config)#router rip
R1(config-router)#ver 2                         //采用 RIPv2
R1(config-router)#no auto-summary               //关闭自动汇总功能
R1(config-router)#network 12.1.1.0
R1(config-router)#exit
```

2）R2 路由器设置。

```
R2(config)#router rip
R2(config-router)#ver 2                         //采用 RIPv2
R2(config-router)#no auto-summary               //关闭自动汇总功能
R2(config-router)#network 12.1.1.0
R2(config-router)#network 22.2.2.0
R2(config-router)#exit
```

> **注意**
>
> 因为内部网络要通过 NAT 来访问外部网络，所以，R1 上配置 RIPv2 路由时不能宣告其内部网络的网段。

（3）静态 NAT 的配置。在路由器 R1 上来实现静态 NAT，从而实现内部网络访问外部网络。

```
R1(config)#ip nat inside source static 192.168.1.1 12.1.1.1
R1(config)#ip nat inside source static 192.168.1.2 12.1.1.2
R1(config)#ip nat inside source static 192.168.1.3 12.1.1.3
R1(config)#int ser 0/0
R1(config-if)#ip nat outside
R1(config-if)#exit
R1(config)#int fa 0/0
R1(config-if)#ip nat inside
R1(config-if)#exit
```

4. 调试验证

(1) 查看 R1 路由器上的静态 NAT 映射记录。

```
R1#show ip nat translations
Pro Inside global      Inside local      Outside local      Outside global
--- 12.1.1.1           192.168.1.1       ---                ---
--- 12.1.1.2           192.168.1.2       ---                ---
--- 12.1.1.3           192.168.1.3       ---                ---
```

(2) 测试内网计算机与外网计算机的通信。分别设置内部计算机 PCmaster1-3 的 IP 地址及其网关（192.168.1.254），并在该计算机上用 ping 命令测试与 R2 路由器的 Lo0 接口 IP 地址（22.2.2.2）的连通状况。如果设置正确，则可以通信。此时再查看 NAT 映射记录，可以看到如下结果。

```
R1#show ip nat translations
Pro  Inside global     Inside local      Outside local     Outside global
icmp 12.1.1.3:1        192.168.1.3:1     22.2.2.2:1        22.2.2.2:1
icmp 12.1.1.3:2        192.168.1.3:2     22.2.2.2:2        22.2.2.2:2
icmp 12.1.1.3:3        192.168.1.3:3     22.2.2.2:3        22.2.2.2:3
icmp 12.1.1.3:4        192.168.1.3:4     22.2.2.2:4        22.2.2.2:4
---  12.1.1.1          192.168.1.1       ---               ---
---  12.1.1.2          192.168.1.2       ---               ---
---  12.1.1.3          192.168.1.3       ---               ---
```

可以看到，ping 命令发出的四个 icmp 数据包，R1 路由器都为其进行 NAT 地址映射。

5. 要点分析

在内网和外网进行连接的路由器 R1 上，使用的是 NAT 技术来实现两个不同网络的互通。因此，在配置内网和外网路由环境时，不能将这两个网络通过路由来实现连通，否则 NAT 将失去它的意义。

8.3 动态 NAT 配置

1. 案例应用场景分析

在静态 NAT 配置的案例中，合法的 IP 地址与内部的计算机是一一对应的。也就是说只有做了静态映射的计算机能够访问外部网络。如果公司决定能够访问外部网络的计算机不固定映射到合法 IP 地址，而是动态分配；另外，公司又新增了一个部门，多了一个部门主管的计算机，这台计算机也要求能够访问外部网络。此时，如果还是使用静态 NAT，那么新增的这台部门主管的计算机将无法访问外部网络。

本案例中，将通过动态 NAT 技术来解决上述问题，允许这些计算机都能够访问外部网络。

2. 案例拓扑图

案例拓扑还是采用如图 8-3 所示的拓扑结构。如果新增一台计算机，则在 SW1 交换机上再增加一台 PCmaster4 即可。

3. 配置步骤

(1) 路由器各接口 IP 地址配置。与上述静态 NAT 配置相同，不再赘述。

(2) 外部网络路由设置。与上述静态 NAT 配置相同，不再赘述。

(3) 动态 NAT 的配置。

```
//定义地址池12.1.1.1～12.1.1.3/24
R1(config)#ip nat pool ippool 12.1.1.1 12.1.1.3 netmask 255.255.255.0
//定义标准ACL,设置内部允许访问外部网络的计算机
R1(config)#access-list 1 permit 192.168.1.0 0.0.0.255
//建立动态映射NAT
R1(config)#ip nat inside source list 1 pool ippool
R1(config)#int fa 0/0
R1(config-if)#ip nat inside
R1(config-if)#exit
R1(config)#int ser 0/0
R1(config-if)#ip nat outside
R1(config-if)#exit
```

4. 调试验证

如果上述配置完成后,内部网络计算机没有访问外部网络,则在 R1 路由器上使用 show ip nat translations 命令将看不到映射记录。PCmaster1 计算机上用 ping 命令测试 R2 上的回环接口 Lo0（22.2.2.2）,则可以看到如下信息。

```
R1#show ip nat translations
Pro  Inside global       Inside local         Outside local        Outside global
icmp 12.1.1.1:5          192.168.1.3:5        22.2.2.2:5           22.2.2.2:5
icmp 12.1.1.1:6          192.168.1.3:6        22.2.2.2:6           22.2.2.2:6
icmp 12.1.1.1:7          192.168.1.3:7        22.2.2.2:7           22.2.2.2:7
icmp 12.1.1.1:8          192.168.1.3:8        22.2.2.2:8           22.2.2.2:8
```

在 R1 路由器上查看动态映射的统计信息。

```
R1#show ip nat statistics
Total active translations: 1 (0 static, 1 dynamic; 0 extended)
Outside interfaces:
  Serial0/0
Inside interfaces:
  FastEthernet0/0
Hits: 7  Misses: 1
Expired translations: 0
Dynamic mappings:
-- Inside Source
[Id: 1] access-list 1 pool ippool refcount 1
 pool ippool: netmask 255.255.255.0
        start 12.1.1.2 end 12.1.1.3
        type generic, total addresses 2, allocated 1 (50%), misses 0
```

5. 要点分析

动态 NAT 虽然可以实现多台计算机共享一个合法 IP 地址池访问外部网络,但是如果地址 IP 地址数少于需要上网的计算机数目,则可同时上网的计算机的数目只能与地址池中 IP 地址的数目相同,这是动态 NAT 技术的局限性。

8.4 NAPT 配 置

1. 案例应用场景分析

如果公司申请到的三个合法 IP 地址中有两个分别要用做固定的用途,如作为对外 Web

服务器或邮件服务器的地址，而内部网络中其他计算机都共享剩下的一个合法 IP 地址来访问外部网络。则，动态 NAT 技术也无法实现这一要求。

本案例中将使用 NAPT 技术来实现上述要求，内网中的计算机将复用同一个合法 IP 地址来与外部网络通信。

2. 案例拓扑图

本案例拓扑还是采用如图 8-3 所示的拓扑结构。

3. 配置步骤

（1）路由器各接口 IP 地址配置。与上述静态 NAT 配置相同，不再赘述。
（2）外部网络路由设置。与上述静态 NAT 配置相同，不再赘述。
（3）NAPT 的配置。

```
//定义共享上网的 IP 地址 12.1.1.1/24
R1(config)#ip nat pool ippool 12.1.1.1 12.1.1.1 netmask 255.255.255.0
//定义标准 ACL，设置内部允许访问外部网络的计算机
R1(config)#access-list 1 permit 192.168.1.0 0.0.0.255
//建立动态映射 NAPT，overload 表示复用
R1(config)#ip nat inside source list 1 pool ippool overload
R1(config)#int fa 0/0
R1(config-if)#ip nat inside
R1(config-if)#exit
R1(config)#int ser 0/0
R1(config-if)#ip nat outside
R1(config-if)#exit
```

4. 调试验证

如果上述配置完成后，内部网络计算机没有访问外部网络，则在 R1 路由器上使用 show ip nat translations 命令将看不到映射记录。分别在 PCmaster1-3 计算机上测试 R2 上的回环接口 Lo0（22.2.2.2），再在 R1 上运行 show ip nat translations 命令，则可以看到如下信息。

```
Router#show ip nat translations
Pro   Inside global        Inside local         Outside local        Outside global
icmp  12.1.1.1:5           192.168.1.1:5        22.2.2.2:5           22.2.2.2:5
icmp  12.1.1.1:6           192.168.1.1:6        22.2.2.2:6           22.2.2.2:6
icmp  12.1.1.1:7           192.168.1.1:7        22.2.2.2:7           22.2.2.2:7
icmp  12.1.1.1:8           192.168.1.1:8        22.2.2.2:8           22.2.2.2:8
icmp  12.1.1.1:1024        192.168.1.2:5        22.2.2.2:5           22.2.2.2:1024
icmp  12.1.1.1:1025        192.168.1.2:6        22.2.2.2:6           22.2.2.2:1025
icmp  12.1.1.1:1026        192.168.1.2:7        22.2.2.2:7           22.2.2.2:1026
icmp  12.1.1.1:1027        192.168.1.2:8        22.2.2.2:8           22.2.2.2:1027
icmp  12.1.1.1:17          192.168.1.3:17       22.2.2.2:17          22.2.2.2:17
icmp  12.1.1.1:18          192.168.1.3:18       22.2.2.2:18          22.2.2.2:18
icmp  12.1.1.1:19          192.168.1.3:19       22.2.2.2:19          22.2.2.2:19
icmp  12.1.1.1:20          192.168.1.3:20       22.2.2.2:20          22.2.2.2:20
```

5. 要点分析

在 NAPT 中，因为只有一个合法的 IP 地址，因此，需要借助端口号来区分不同的内部计算机，即通过 IP 地址：端口号的组合来建立 NAT 映射记录。该端口号由系统自动生成。

习　题

理论基础知识：

1．NAT 技术主要解决网络应用中的哪一类问题？

2．简述 NAT 的具体工作流程。

3．NAT 技术中 inside local、inside global、outside local、outside global 的含义是什么？它们各自应用的场合是什么？

4．NAT 技术主要可以分为哪几种类型？各有什么特点？

5．在内网和外网使用 NAT 技术互连时，能否使用路由协议连接内网和外网？说明原因。

实践操作：

1．公司局域网通过一台路由器接入 Internet，公司申请了一个公网 IP 地址（如 61.132.123.2/30），公司内部局域网需要通过 NAT 技术使网络中的所有计算机都能访问 Internet，局域网所在网段是 192.168.0.0/24，局域网中有一台 Web 服务器（192.168.0.100/24），允许外部网络用户能够通过公网 IP 地址访问这台 Web 服务器。请根据此要求设计网络并配置 NAT 来完成上述要求。

2．公司有 20 台计算机，通过一台路由器接入 Internet，公司申请了一个公网网段的 IP 地址（如），大家共用这些地址访问 Internet。请根据此要求设计网络并配置 NAT 来完成上述要求。

任务 9 交换机基本配置

交换机是当前的交换式局域网中的核心设备。因此，局域网的管理离不开对交换机的管理和配置。一般情况下，交换机的配置主要包括交换机的基本配置、交换机接口安全配置、交换机密码、IOS 恢复等。

9.1 交换机基本配置案例

1. 案例应用场景分析

交换机的基本配置是交换机日常管理中的必备技能，也是管理和维护交换式局域网的基础。交换机的基本配置操作主要包括交换机命名、特权模式密码设置、远程登录访问设置、Console 端口访问设置、交换机接口设置、交换机管理地址配置等内容。

2. 案例拓扑图

本案例完成对一台二层交换机（Catalyst WS-C-2960）的配置。管理员的计算机通过 Console 线连接到 WS-C-2960 交换机的 Console 端口，同时，用直通双绞线连接到交换机的 FastEthernet 0/1 接口，如图 9-1 所示。

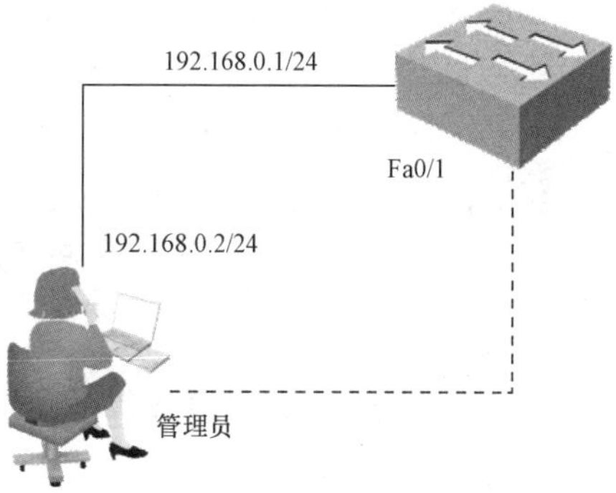

图 9-1 交换机基本配置

3. 配置步骤

（1）命名交换机。

```
Switch>enable
Switch#conf terminal
Enter configuration commands, one per line. End with CNTL/Z
Switch(config)#hostname SWA          //交换机命名为"SWA"
SWA(config)#                          //交换机命名成功
```

（2）配置特权模式密码。

```
SWA(config)# enable secret secret    //特权模式密码为"secret"，加密显示。
SWA(config)# enable secret passwd    //特权模式密码为"passwd"，明文显示。
```

> **注意**
>
> 如果上述两种配置特权模式的密码的命令都执行了，则实际特权模式的密码采用 secret 模式的密码。

（3）配置 Console 终端线路访问。

```
SWA(config)# line console 0
SWA(config-line)#password console    //通过 Console 端口访问密码设为"console"
```

```
SWA(config-line)#login
SWA(config-line)#exit
```

(4) 配置交换机的管理地址。

```
SWA (config)# SWA(config)#interface vlan 1
SWA(config-if)#ip address 192.168.0.1 255.255.255.0
SWA(config-if)#no shutdown
%LINK-5-CHANGED: Interface Vlan1, changed state to up
```

(5) 配置 Telnet 远程登录访问。

```
SWA (config)#line vty 0 4              //设置 0～4 条虚拟终端访问线路
SWA (config-line)#password telnet      //设置 Telnet 访问密码为 telnet
SWA (config-line)#login
SWA(config-line)#exit
```

(6) 配置交换机接口基本属性。

```
SWA (config)#interface fastethernet 0/1
SWA (config-if)#duplex full            //设置为该接口为全双工模式
SWA (config-if)#speed auto             //设置接口速率为自适应模式
```

(7) 保存配置到 startup-config 中。

```
SWA #copy running-config startup-config
Destination filename[startup-config]?  //按"回车"键
Building configuration...
[OK]
```

也可以用 Write 命令直接保存。

```
SWA#write
Building configuration...
[OK]
```

> **注意**
> 默认情况，交换机的以太网接口是开启的（no shutdown），交换机的以太网接口的通信方式可以设置为半双工（half）、全双工（full）和自适应（auto）模式，端口速率可以按照交换机的带宽可以设置为 10/100/1000Mb/s 或 auto 自适应。

4. 调试验证

(1) 通过 show running-config 命令验证特权模式密码设置。

```
SWA#show running-config
Building configuration...

Current configuration : 1116 bytes
!
version 12.2
no service timestamps log datetime msec
no service timestamps debug datetime msec
no service password-encryption
!
```

任务 9 交换机基本配置

```
hostname SWA
!
enable secret 5 $1$mERr$5jbOD5lHVUWxAAsNOD6eO/   //secret 模式密码
enable password passwd                            //password 模式密码
...                                               //后续信息省略
```

（2）在管理员计算机上配置 IP 地址为 192.168.0.2，子网掩码为 255.255.255.0。首先打开计算机的超级终端，通过 Console 端口来访问交换机。此时，需要输入 Console 端口访问的密码才可进入交换机。

```
SWA con0 is now available

Press RETURN to get started.
User Access Verification
Password:                          //输入 Console 终端访问密码 "console"
SWA>                               //登录成功，进入用户模式
```

在计算机上打开命令提示符窗口，通过 Telnet 远程登录访问验证。

```
PC>telnet 192.168.0.1
Trying 192.168.0.1 ...Open
User Access Verification
Password:                          //输入 telnet 登录密码 "telnet"
SWA>enable                         //登录成功，进入用户模式
SWA#                               //进入特权模式
```

> 注意
>
> 如果没有设置特权模式密码，则 telnet 将不允许从用户模式进入特权模式。

（3）验证交换接口 FastEthernet 0/1 的端口信息。

```
SWA#show interfaces fastEthernet 0/1
FastEthernet0/1 is up, line protocol is up (connected)
  Hardware is Lance, address is 00d0.ffcc.1801 (bia 00d0.ffcc.1801)
  BW 100000 Kbit, DLY 1000 usec,
     reliability 255/255, txload 1/255, rxload 1/255
  Encapsulation ARPA, loopback not set
  Keepalive set (10 sec)
  Full-duplex, 100Mb/s              //接口设置为全双工，接口速率为 100Mbps
  ...
```

（4）验证保存的配置文件，及查看 startup-config 文件中的内容。

```
SWA#show startup-config
```

5. 要点分析

交换机的基本配置是日常网络管理中经常需要进行的工作，包括交换机的主机名命名、设置访问密码、配置管理地址、配置接口的基本属性等。其中管理地址的设置是对交换机进行远程管理时必须要做的一件事情，对于二层交换机，管理地址需要设置在 VLAN 上（一般是 VLAN 1），而且只能有一个管理地址。

9.2 交换机接口安全配置案例

1. 案例应用场景分析

企业网络安全是当前网络管理中非常重视的问题之一，但是在大部分时候，企业把精力集中在外部网络的安全威胁上，而对企业内部的安全考虑比较少。事实上，企业内部的安全威胁往往比外部的安全威胁更严重，因此，内部网络安全是我们在管理和维护网络时必须重视的问题。在内部网络安全管理中，交换机接口的安全管理就是内部网络安全管理的一个比较有效的措施。

交换机的主要构件之一就是其接口（Interface），不同类型交换机的接口在网络连接中也起着不同的作用。有的接口用在局域网的核心层，有的用在网络的汇聚层，有的用在用户计算机的接入层。交换机的接口安全管理可以在一定程度上保障整个网络的有序性和安全性。

交换机接口安全一般有两种类型：限制交换机接口的最大 MAC 地址数目和将交换机接口进行 MAC 地址绑定。

（1）限制交换机接口的最大 MAC 地址数目可以控制交换机接口上连接的主机数目，从而防止 MAC-address Flood 攻击。在正常情况下，MAC 地址映射表记录了在该接口下连接的真实 MAC 地址。但是，如果发生 MAC-address Flood 攻击，它会制造大量虚假的 MAC 地址。这些虚假地址如果填满了交换机的 MAC 地址映射表，那么交换机就无法有效地学习真实的客户机 MAC 地址，从而导致客户机无法正常连接到网络，并导致网络的性能大幅下降。

（2）将交换机接口进行 MAC 地址绑定，可以防止用户进行恶意的 ARP 欺骗。正常情况下，在同一个广播域内的设备收到来自客户机的 ARP 广播后，它们需要判断该广播包中请求的 IP 地址是否是自己。如果不是，则它不做任何响应。但是，如果攻击者（如中了 ARP 病毒的计算机）收到 ARP 请求时，会向客户机发送一个应答，并伪造被请求的 MAC 地址。这样，客户机将收到一个错误的 MAC 地址，当它用这个错误的 MAC 地址进行通信时，自然找不到正确的目标计算机。如果将客户机的 MAC 地址和交换机的接口进行绑定后，该接口就不会转发以此 MAC 地址为源地址以外的数据包。如果将该接口的 MAC 地址数目限制为 1，并且把该唯一的源地址绑定后，那么连接在此接口上的主机将独享这个接口的全部带宽。

2. 案例拓扑图

如图 9-2 所示，两台交换机 SwitchA 和 SwitchB 的接口 Fa0/1 进行连接，在 SwitchB 上连接了两台计算机 PC1 和 PC2，IP 地址分别为 192.168.0.1/24、192.168.0.2/24，在 SwitchA 上连接了 1 台计算机 PC3，IP 地址为 192.168.0.3/24。在 SwitchA 的 Fa0/1 接口上启用接口安全，并设置其 MAC 地址表

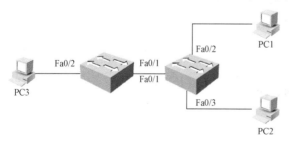

图 9-2 交换机接口安全配置

的最大 MAC 地址数为一个，并将计算机 PC1 的 MAC 地址绑定到接口 Fa0/1。使得 PC1 能够通过 Fa0/1 口与 PC3 通信，而不允许 PC2 访问 PC3，但不关闭 Fa0/1（shutdown）。

3. 配置步骤

配置交换机 SwitchA。

```
SwitchA#configure terminal
SwitchA(config)#interface fa 0/1
SwitchA(config)#shutdown
SwitchA(config)#switch mode access         //将交换机的接口访问模式改为access模式
SwitchA (config-if)#switch port-security   //启用接口安全功能
SwitchA (config-if)# switch port-security maximum 2
//只允许该接口下的MAC地址数目的最大值为2，即只允许两个设备接入。
SwitchA (config-if)# switch port-security violation restrict
//MAC地址数超过maximum定义的值，则不允许接入
SwitchA (config-if)# switchport port-security mac-address 0001.631A.9A7B
//0001.631A.9A7B为PC1的MAC地址。
```

> **注意**
>
> 当一个接口已经达到了配置的最大数量的安全MAC地址时，如果又有一个MAC地址要通过这个接口连接，则将发生安全违规(security violation)。

命令"switch port-security violation{protect | shutdown | restrict}"中定义了发生安全违规的三个命令参数，其含义如下。

1）protect：表示当有新的计算机接入时，如果该接口的MAC地址数超过最大数量，则此计算机将无法接入，而原有的计算机不受影响。

2）shutdown：表示当有新的计算机接入时，如果该接口的MAC地址数超过最大数量，则该接口将会被关闭，则这个新的计算机和原有的计算机都无法接入，需要管理员使用"no shutdown"命令重新打开。

3）restrict：当有新的计算机接入时，如果该接口的MAC地址数超过最大数量，则这个新的计算机可以接入，然而交换机将向发送警告信息。

4. 调试验证

（1）查看SwitchA的MAC地址映射表，可以看到SwitchA的Fa0/1口中只有两个MAC地址映射，其中一个为PC1的MAC地址，另一个为交换机SwitchB的Fa0/1的MAC地址。它们类型（Type）都是静态的（STATIC），因为PC1的地址是手工绑定的，两个交换机的Fa0/1口属于静态连接。此外，交换机的Fa0/2口连接了PC3，它的类型因为没有绑定，所以是动态的（DYNAMIC）。

```
Switch#show mac-address-table
        Mac Address Table
-------------------------------------------
Vlan    Mac Address     Type        Ports
----    -----------     --------    -----
 1      0001.631a.9a7b  STATIC      Fa0/1
 1      0060.3ed6.4803  STATIC      Fa0/1
 1      0090.21b1.c336  DYNAMIC     Fa0/2
```

（2）在PC1上打开命令提示符，输入ping 192.168.0.3，测试与PC3的连通性。测试结果可以看到，PC1可以和PC3通信。

```
PC1>ping 192.168.0.3
Pinging 192.168.0.3 with 32 bytes of data:
```

```
Reply from 192.168.0.3: bytes=32 time=19ms TTL=128
Reply from 192.168.0.3: bytes=32 time=10ms TTL=128
Reply from 192.168.0.3: bytes=32 time=6ms TTL=128
Reply from 192.168.0.3: bytes=32 time=13ms TTL=128

Ping statistics for 192.168.0.3:
    Packets: Sent = 4, Received = 4, Lost = 0 (0% loss),
Approximate round trip times in milli-seconds:
    Minimum = 6ms, Maximum = 19ms, Average = 12ms
```

（3）在 PC2 上打开命令提示符，输入 Ping 192.168.0.3，测试与 PC3 的连通性。测试结果可以看到，PC1 无法与 PC3 通信。因为，SwitchA 的 Fa0/1 口的 maximum 已经达到最大值两个，因此，PC3 的 MAC 地址无法再存入到 MAC 地址映射表中，所以该接口拒绝来自 PC2 的数据包。

```
PC2>ping 192.168.0.3

Pinging 192.168.0.3 with 32 bytes of data:

Request timed out.
Request timed out.
Request timed out.
Request timed out.

Ping statistics for 192.168.0.3:
    Packets: Sent = 4, Received = 0, Lost = 4 (100% loss),
```

5. 要点分析

通过交换机接口的安全配置来设置将指定的计算机绑定到该接口，防止未经允许而接入网络。如果交换机捕获到违例事件，它可以通过关闭（shutdown）接口等措施来防止非法接入。

9.3 交换机的密码恢复案例

1. 案例应用场景分析

交换机的密码（如特权模式密码）是为了保护交换机安全而设置的访问口令，它可以防止非管理用户访问并修改交换机的配置。但是，如果忘记了交换机的密码，则管理者也无法进行访问交换机并进行配置。此时，只能通过密码恢复的手段来恢复交换机的密码，以便管理者能够重新登录并进行配置。

与路由器密码恢复不同，交换机根据不同的型号，其密码恢复的方法也各有不同，需要采用相应的密码恢复方法来进行。

2. 案例拓扑图

本案例将对 Cisco Catalyst WS-3560 交换机进行密码恢复。管理员通过 Console 端口连接到该交换机，如图 9-3 所示。

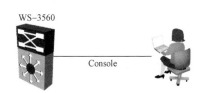

图 9-3 交换机密码恢复

> **注 意**
>
> 本实验需要物理交换机，不能在模拟中实现。

3. 配置步骤

（1）通过超级终端连接到交换机。将管理者的计算机通过 Console 端口连接到交换机，同时在计算机上开启超级终端软件，并连接到该设备。

（2）关闭交换机电源后进入恢复操作。交换机的电源线拔出后，按住交换机面板前的 MODE 键不放，然后重新接上其电源线。此时在刚才打开的超级终端上将显示交换机进入到"switch:"提示符状态。

```
Base ethernet MAC Address; 00;18;ba;11;f5;00
Xmodem file system is available.
The password-recovery mechanism is enabled.
The system has been interrupted prior to initializing the flash file system .The
following commands will initialize the flash filesystem and finish loading the
operating system software;
    flash_init
    load_helper
    boot
switch:
```

（3）执行"flash_init"命令。在"switch:"提示符后输入"flash_init"命令。

```
switch: flash_init
Initializing Flash...
flashfs[0]: 3 files, 1 directories
flashfs[0]: 0 orphaned files, 0 orphaned directories
flashfs[0]: Total bytes; 32514048
flashfs[0]: Bytes used; 6076928
flashfs[0]: Bytes available; 26437120
flashfs[0]: flashfs fsck took 12 second
…done initializing flash.
Boot Sector Filesystem (bs;) installed, fsid; 3
Setting console baud rate to 9600...
```

（4）执行"load_helper"命令。

```
switch: load_helper
```

（5）查看 Flash 中的文件。

```
switch:dir flash:
2    -rwx 6073600   <date>     c3560-ipbasek9-mz.122-25.SEB4.bin   //IOS 文件
3    -rwx 1455      <date>     config.text                         //启动配置文件
5    -rwx 24        <date>     private-config.text
26437120 bytes available  6076928 bytes used
```

（6）重命名或删除 config.text 文件。

```
switch: rename flash: config.text flash: config.old    //重命名 config.text
switch: delete flash: config.text                       //删除 config.text
```

（7）重新引导交换机 IOS 系统。输入 boot 命令，引导系统，此时无需再按 MODE 键。

```
switch:boot
```

（8）进入交换机的特权模式。重启系统后，将出现如下提示。

```
Continue with the configuration dialog?[yes/no]:
```

输入"N"或"NO"（不区分大小写）后，进入用户模式，然后使用"enable"命令进入特权模式。

```
switch>enable
switch#
```

（9）将改名的配置文件名改回。

```
switch# rename flash:config.old  flash:config.text
```

（10）将原配置文件的信息重新装载到内存（RAM）中。

```
switch# copy flash:config.text  system:running-config
```

（11）修改之前忘记的密码。

```
swich#configure terminal
swich #(config)#enable secret newpasswd    //newpasswd 为新修改的密码
swich (config)#exit
```

（12）保存配置文件到 NVRAM 中。

```
switch#copy running-config start-config
```

4．调试验证

退出特权模式，回到用户模式后重新输入"enable"命令进入特权模式。此时通过新的密码"newpasswd"才能进入特权模式，说明密码恢复成功。

5．要点分析

如果忘记交换机的特权模式密码，则无法进入交换机进行配置。此时可以通过交换机密码恢复操作来重新设置密码。

9.4 交换机 IOS 的恢复与升级案例

1．案例应用场景分析

交换机在运行过程中，可能会遇到意外发生的情况（如断电）而导致 IOS 损坏或丢失，也有可能用户操作不当而误删 IOS。当发生这些情况时，交换机不能正常使用。如果要恢复交换机的正常使用，则必须要对其 IOS 进行恢复。

另外，IOS 的版本在不断地更新中。如目前 Cisco 设备的 IOS 版本是 15.x。新版本的 IOS 在性能、可靠性和功能上都会有较多的改进，如果想提升交换机的性能或增加新的功能，则可以将交换机较低版本的 IOS 升级到较高的版本。但是升级 IOS 时，新的功能是否能够使用，还得取决于交换机的硬件情况。如果硬件不支持，则升级的意义就不大了。

本案例采用 TFTP 来实现交换机 IOS 的备份与升级。

2．案例拓扑图

如图 9-4 所示，管理员通过 Console 端口连接到交换机，并设置计算机上 TFTP 服务，通过网线连接到交换机。

3. 配置步骤

（1）IOS 备份。在计算机上安装 TFTP 软件，配置计算机的 IP 地址为 172.16.0.2/24，交换机 VLAN1 的 IP 地址为 172.16.0.1/24。测试计算机与交换机的连通性，如果已经连通，则可以完成以下步骤实现 IOS 的备份。

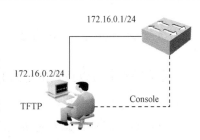

图 9-4　交换机 IOS 的升级与恢复

```
Switch#copy flash: tftp:
//将 Flash 中的 IOS 备份到 TFTP 服务器
Source filename []? c2960-lanbase-mz.122-25.FX.bin
//? 后面输入当前交换机上需要备份 IOS 文件名,然后按"回车"键(可以通过在特权模式下输入"dir"
命令进行查看)
Address or name of remote host []? 172.16.0.2
//? 后面输入 TFTP 的 IP 地址，172.16.0.2
Destination filename [c2960-lanbase-mz.122-25.FX.bin]?
//确定保存在 TFTP 上的 IOS 的目的文件名，如果不需要修改，则直接按"回车"键。
Writing c2960-lanbase-mz.122-25.FX.bin......
!!!!!!!!!!!!!!!!!!!!!!!!!!!!!!!!!!!!!!!!!!!!!!!!!!!!!!!!!!!!!!!
!!!!!!!!!!!!!!!!!!!!!!!!!!!!!!!!!!!!!!!!!!!!!!!!!!!!!!!!!!!!!!!
!!!!!!!!!!!!!!!!!!!!!!!!!!!!!!!
4414921 bytes copied in 367.91 secs (12000 bytes/sec)
```

结束此过程后即完成 IOS 的备份。

（2）配置文件备份。在交换机上完成下列步骤完成将交换机的当前配置文件备份到 TFTP 上。

```
Switch#copy running-config tftp:
Address or name of remote host[]?172.16.0.2
Destination filename[SwitchConfig]?
```

（3）IOS 升级。在 TFTP 上准备好交换机的 IOS 的升级版本，然后按照下面的步骤完成升级。

```
Switch#copy tftp: flash:                           //从 TFTP 服务器中复制 IOS 文件
Address or name of remote host []?172.16.0.2       //输入 TFTP 服务器地址
Source filename []?c2960-lanbase-mz.122-25.FX.bin  //输入 TFTP 中 IOS 文件名
Destination filename [c2960-lanbase-mz.122.25fx.bin]?  //按"回车"键确认
%Warning:There is a file already existing with this name
Do you want to over write? [confirm]               //按"回车"键确认
Erase flash: before copying? [confirm]             //按"回车"键确认
Erasing the flash filesystem will remove all files! Continue? [confirm]
                                                   //按"回车"键确认
Erasing device... eeeeeeeeeeeeeeeeeeeeeeeeeeeeeeeeeeeeeeeeeeeeeeeee
Eeeeeeeeeeeeeeeeeeeeeeeeeeeeeeeeeeeeeeeeeeeeeeeeeeeeeeeeeeeeeeee
eeeeeeeeeeeeeeeeeeeeeeeeeeeeeeeeeeeeeeeeeeeeeeeeeeeeee ...erased
Erase of flash: complete
Accessing tftp://172.16.0.2/c2960-lanbase-mz.122-25.FX.bin...
Loading c2960-lanbase-mz.122-25.FX.bin from 172.16.0.2:!!!!!!!!!!!!!!!!!!!
!!!!!!!!!!!!!!!!!!!!!!!!!!!!!!!!!!!!!!!!!!! !!!!!!!!!!!!!!!
[OK - 4414921 bytes]
```

```
4414921 bytes copied in 0.372 secs (322456 bytes/sec)
```

完成回复后可以按照指定的 IOS 系统重启交换机，命令为

```
switch(config)#boot system flash: c2960-lanbase-mz.122-25.FX.bin
```

（4）IOS 恢复。如果交换机不能进入 IOS，此时就只能通过 Xmodem 的方法，直接从 Console 口来将 IOS 恢复到交换机。首先使用 Windows 操作系统"附件"→"通信"菜单中"超级终端"命令。启动交换机后，按照下面步骤完成 IOS 恢复。

```
Switch:flash_init
Initializing Flash...
Switch:copy xmodem: flash: c2960-lanbase-mz.122-25.FX.bin
//通过 xmodem 模式复制 IOS 镜像文件
Begin the Xmodem or Xmodem-1K transfer now...
```

此时，在超级终端上点"传送→发送文件"命令，在协议选项中选择"Xmodem"或者"Xmodem-1K"协议，然后选择 IOS 的影像文件（*.bin），开始传送。

传送完毕后提示：

```
File "xmodem:" successfully copied to....      //IOS 文件复制完成。
Switch:boot                                    //重启进入 IOS。
```

4. 调试验证

（1）完成 IOS 的备份后，查看 TFTP 上是否有备份的 IOS 文件。
（2）恢复 IOS 后，查看交换机是否正常工作。

5. 要点分析

在交换机 Flash 中的 IOS 出现损坏后就需要对其进行恢复，否则，交换机的 IOS 无法启动，导致它不能正常工作。

习　题

理论基础知识：

1. 对二层交换机开启远程登录服务一般需要哪些步骤？
2. 将交换机接口进行 MAC 地址绑定来防止用户进行恶意 ARP 欺骗的基本原理是什么？
3. 交换机接口安全中，如果发生安全违规（security violation），则一般有哪几种处理方法？
4. 交换机 IOS 的恢复有哪几种方法？

实践操作：

1. 针对指定型号的交换机，下载最新版的 IOS，并进行升级。
2. 如图 9-2 所示，设置交换机接口安全，允许 PC2 与 PC3 通信，拒绝其他通过 Fa0/1 口访问 PC3 的计算机，如果有计算机尝试与 PC3 通信，则关闭 fa0/1 口（shutdown）。

任务 10　VLAN 配 置

虚拟局域网 VLAN（Virtual Local Area Network）是指在交换局域网的基础上，采用网络管理软件构建的可跨越不同网段、不同网络的端到端的逻辑网络。一个 VLAN 组成一个逻辑子网，即一个逻辑广播域，它可以跨多个交换机设备，允许处于不同地理位置的网络用户加入到同一个逻辑子网（即 VLAN）中。

10.1　VLAN 的 认 知

1. VLAN 的相关概念

（1）共享式以太网和交换式以太网。

1）共享式以太网采用了载波检测多路侦听（CSMA/CD）机制来进行传输控制，当一台主机发送数据的时候，其他主机只能接收此数据，此时其他网上主机都不能发送数据。

2）交换式以太网是指采用了交换技术的以太网，所有的客户端计算机都可以同时发送自己的数据包，每个用户都有自己独有的宽带。

（2）冲突域和广播域。

1）冲突域是同一物理网段上所有节点的集合或以太网上竞争同一带宽的节点集合。这个域代表了冲突在其中发生并传播的区域，这个区域可以被认为是共享段。用集线器（HUB）或中继器（Repeater）连接的所有节点可以被认为是在同一个冲突域内，而第二层设备（网桥，交换机）和第三层设备（路由器）都可以划分冲突域的。

2）广播域是接收同样广播消息的节点的集合。集线器、交换机等第一和第二层设备连接的节点被认为都是在同一个广播域。而路由器和第三层交换机则可以划分广播域。

（3）VLAN 和 VLAN trunk。

1）VLAN 技术允许网络管理者将一个物理的 LAN 逻辑地划分成不同的广播域，每一个 VLAN 都包含一组有着相同需求的计算机工作站，与物理上形成的 LAN 有着相同的属性。一个 VLAN 内部的广播和单播流量都不会转发到其他 VLAN 中，从而有助于控制流量、减少设备投资、简化网络管理、提高网络的安全性。

2）VLAN trunk 技术是在交换机之间或交换机与路由器之间，互相连接的端口上配置中继模式，使得属于不同 VLAN 的数据帧都可以通过这条中继链路进行传输。帧的格式分为两种，即 ISL（Inter-Switch Link）和 IEEE 802.1Q。

> **注意**
>
> ISL 是 CISCO 交换机独有的协议；802.1Q 协议是国际标准协议，被几乎所有的网络设备生产商所共同支持。

3）以太网端口有两种链路模式：Access 模式和 Trunk 模式。Access 模式的端口只能属于一个 VLAN，它主要用于和计算机相连的端口。Trunk 模式的端口可以属于多个 VLAN，可以接收和发送多个 VLAN 的报文，它主要用于交换机之间连接的端口。

（4）VTP。

VTP（VLAN Trunking Protocol）即思科 VLAN 中继协议，它是思科专有协议，支持大多数的 Cisco Catalyst 系列产品。VTP 主要控制网络内 VLAN 的添加、删除和重命名。VTP 减少了交换网络中的管理工作。用户在 VTP 服务器上配置新的 VLAN，该 VLAN 信息就会分发到所有交换机，这样可以避免到处配置相同的 VLAN。

（5）TAG VLAN。

IEEE802.1Q 协议定义了在跨交换机的 VLAN 进行通信时，在数据帧内添加 4 字节的 IEEE802.1Q 的标签（TAG）信息，用来区别该数据帧属于哪个 VLAN，从而便于对方交换机接收此 VLAN 的数据帧。用来传输多个 VLAN 数据帧的链路被称为主干道，或 Trunk 链路。

（6）Native VLAN。

封装 IEEE802.1Q 协议的 Trunk 接口可以接受带有标签和不带标签的数据流。交换机向 Native VLAN 传送不带标签的数据流，默认情况下 Native VLAN 是 1。

2．VLAN 的划分方式

VLAN 的划分可以有多种方式，每种划分方式都各有特点，具体划分时可以根据实际情况来选择不同的划分方式。

（1）基于端口的 VLAN 划分。基于端口的 VLAN 划分方式是目前一种比较常用的 VLAN 划分方法，而且市场上很多交换机产品都支持这一功能。这种划分 VLAN 的方法是根据以太网交换机的端口来划分的，它将交换机上的物理端口和交换机内部的永久虚电路（PVC）端口分成若干个组，每个组构成一个虚拟局域网。

端口 VLAN 划分分为单交换机端口 VLAN 划分和多交换机端口 VLAN 划分两种方式。前者只支持在一台交换机上指定若干个端口组成 VLAN，而多交换机端口 VLAN 划分则可以使一个 VLAN 跨越多个交换机，并且同一个交换机上的端口可以属于不同的 VLAN。端口 VLAN 划分能够较好地进行用户管理，减少广播风暴，安全性也较高。

这种划分方法的优点是定义 VLAN 成员时非常简单，只要将所有的端口都定义为相应的 VLAN 组即可；适合于任何大小的网络。它的缺点是如果某用户离开了原来的端口，到了一个新的交换机的某个端口，必须重新定义。

（2）基于 MAC 地址的 VLAN 划分。基于 MAC 地址的 VLAN 划分方法是根据每个主机的 MAC 地址来划分的，即对每个 MAC 地址的主机都配置它属于哪个组，它实现的机制就是每一块网卡都对应唯一的 MAC 地址，VLAN 交换机跟踪属于 VLAN 的 MAC 地址。

这种划分 VLAN 方法的最大优点就是当用户物理位置移动时，即从一个交换机换到其他的交换机时，VLAN 不需要重新配置。这种方法的缺点是初始化时，所有的用户都必须进行配置，如果用户数目非常多，则初始化配置的工作量很大。而且这种划分的方法也导致了交换机执行效率降低，因为在每一个交换机的端口都可能存在很多个 VLAN 组的成员，这样就无法限制广播包。

（3）基于网络层的 VLAN 划分。基于网络层的 VLAN 划分是根据每个主机的网络层地址或协议类型进行划分，可分为 IP、IPX、DECnet、AppleTalk、Banyan 等 VLAN 网络。

此方式的优点是改变用户的物理位置时不需要重新配置所属的 VLAN，而且可以根据协议类型来划分 VLAN，这对网络管理者来说很重要。另外，这种方法不需要附加的帧标签来识别 VLAN，这样可以减少网络的通信量。该方式的缺点是效率低，因为检查每一个数据包的网络层地址需要消耗处理时间。

（4）基于 IP 组播的 VLAN 划分。IP 组播实际上也是一种 VLAN 的定义，即认为一个 IP 组播组就是一个 VLAN。这种划分的方式将 VLAN 扩大到了广域网，因此这种方法具有更大的灵活性，而且也很容易通过路由器进行扩展。适合于不在同一地理范围的局域网用户组成一个 VLAN，不适合局域网，主要是效率不高。

10.2　单交换机 VLAN 的划分案例

1. 案例应用场景分析

在一个公司中一般都会设置多个部门，每个部门都会有若干台计算机。同一部门的计算机之间的通信往往是比较频繁的，不同部门之间的计算机通信则相对要少一些。针对这种情况，如果将所有计算机都接入一个物理网络，则因为交换网络的特性，会导致整个网络的性能下降。此时，可以考虑在逻辑上，将这些计算机按照部门来进行隔离。即逻辑上，同一部门的计算机通信时相对独立，不会影响其他部门的计算机。这样可以将原来的一个物理网络划分成若干个逻辑网络并行工作，从而提升网络的整体性能。

本案例将在一台交换机上划分两个逻辑网络，即划分两个 VLAN，使得同一个 VLAN 中的计算机可以相互通信，而不同的 VLAN 之间的计算机不相互通信。

2. 案例拓扑图

将 PC1、PC2 和 PC3 分别连接到交换机 C2960 的 Fa0/5、Fa0/10 和 Fa0/20 接口。PC1 的 IP 地址为 192.168.1.1/24，PC2 的 IP 地址为 192.168.1.2/24。它们在同一个网段，并都在 VLAN10 中，PC3 的 IP 地址为 192.168.1.3/24，在 VLAN20 中。如图 10-1 所示。

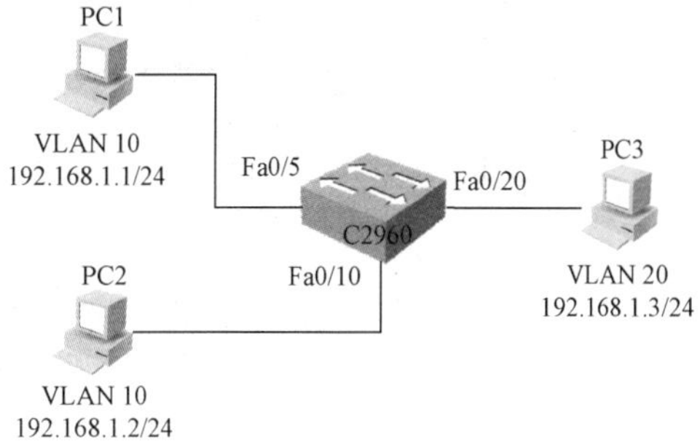

图 10-1　单交换机 VLAN 划分

3. 配置步骤

进入交换机配置界面，按照下列步骤完成 VLAN 的划分。

（1）创建 VLAN 10 和 VLAN 20。

```
Switch>enable
Switch#configure terminal
Enter configuration commands, one per line.  End with CNTL/Z.
Switch(config)#vlan 10
Switch(config-vlan)#name vlan10
Switch(config-vlan)#exit
Switch(config)#vlan 20
Switch(config-vlan)#name vlan20
Switch(config-vlan)#exit
Switch(config)#
```

（2）将 PC 机所连接口划分到各自的 VLAN 中。

```
Switch(config)#interface fa0/5
Switch(config-if)#switchport access vlan 10
Switch(config-if)#exit
Switch(config)#interface fa0/10
Switch(config-if)#switchport access vlan 10
Switch(config-if)#exit
Switch(config)#interface fa0/20
Switch(config-if)#switchport access vlan 20
Switch(config-if)#end
```

（3）配置 PC 机的网络参数。

按照要求完成 PC 机的 IP 地址以及子网掩码的设置。

4. 调试验证

（1）首先在交换机上验证 VLAN 划分的正确性。通过 show vlan 命令进行查看。

```
Switch#show vlan

VLAN Name                        Status    Ports
---- ------------------------    --------- -------- -------- ---- -------- -- -
1    default                     active    Fa0/1, Fa0/2, Fa0/3, Fa0/4
                                           Fa0/6, Fa0/7, Fa0/8, Fa0/9
                                           Fa0/11, Fa0/12, Fa0/13, Fa0/14
                                           Fa0/15, Fa0/16, Fa0/17, Fa0/18
                                           Fa0/19, Fa0/21, Fa0/22, Fa0/23
                                           Fa0/24, Gig1/1, Gig1/2
10   vlan10                      active    Fa0/5, Fa0/10
20   vlan20                      active    Fa0/20
1002 fddi-default                act/unsup
1003 token-ring-default          act/unsup
1004 fddinet-default             act/unsup
1005 trnet-default               act/unsup

VLAN Type  SAID     MTU   Parent RingNo BridgeNo Stp  BrdgMode Trans1 Trans2
---- ----- -------- ----- ------ ------ -------- ---- -------- ------ ------
1    enet  100001   1500  -      -      -        -    -        0      0
10   enet  100010   1500  -      -      -        -    -        0      0
20   enet  100020   1500  -      -      -        -    -        0      0
1002 fddi  101002   1500  -      -      -        -    -        0      0
--More-
```

从上面的配置信息可以看到，VLAN 10 和 VLAN 20 已经创建完成，并且 Fa0/5 和 Fa0/10 已加入 VLAN10，Fa0/20 已加入 VLAN20。

（2）VLAN 配置完成后就可以通过 PC 进行测试。在 PC1 上，通过 Ping 命令来测试其与 PC2 和 PC3 的连通情况。

```
PC>ping 192.168.1.2
Pinging 192.168.1.2 with 32 bytes of data:
Reply from 192.168.1.2: bytes=32 time=70ms TTL=128
Reply from 192.168.1.2: bytes=32 time=8ms TTL=128
Reply from 192.168.1.2: bytes=32 time=8ms TTL=128
Reply from 192.168.1.2: bytes=32 time=7ms TTL=128
```

```
Ping statistics for 192.168.1.2:
    Packets: Sent = 4, Received = 4, Lost = 0 (0% loss),
Approximate round trip times in milli-seconds:
    Minimum = 7ms, Maximum = 70ms, Average = 23ms
PC>ping 192.168.1.3
Pinging 192.168.1.3 with 32 bytes of data:
Request timed out.
Request timed out.
Request timed out.
Request timed out.
Ping statistics for 192.168.1.3:
    Packets: Sent = 4, Received = 0, Lost = 4 (100% loss),
```

从测试结果可以看到,同在 VLAN 10 中的 PC1 和 PC2 可以相互通信,而分处在不同 VLAN 之间的 PC1 和 PC3 不能相互通信。这说明 VLAN 划分已经成功。

5. 要点分析

划分 VLAN 的主要作用就是将物理网络中的广播域缩小到若干个更小的逻辑网络中,它们之间相互独立,不会相互影响,这样能够提高网络的运行效率。例如,一个网络中划分了两个 VLAN,则该物理网络就被隔离成两个逻辑网络。这两个逻辑网络能够独立运行,且相互之间不受影响。

10.3 跨交换机 VLAN 的通信案例

1. 案例应用场景分析

在中小规模企业的交换式网络中,因为用户计算机的数量增加,交换机的数量也随之上升。在划分 VLAN 时,也必然会涉及跨交换机的 VLAN 划分。同一个部门所在的 VLAN 有可能分布在不同的交换机上,因此,交换机之间的链路上需要传输不同的 VLAN 的信息。这需要该链路能够识别不同的 VLAN 信息。

IEEE802.1Q 定义的 TAG VLAN 可以满足这一需求,它可以在交换机之间的 Trunk 链路上完成对不同 VLAN 的数据的区分。

但是,在给通过 Trunk 链路的 VLAN 数据帧加上相应的 TAG 标签后,虽然能够区分不同的 VLAN 信息,但是也给交换机和被设为 Trunk 的链路带来了额外的负载。如果某个 VLAN 中的计算机数量较多,又经常需要进行跨交换机的通信,则带来的负载也将更大。此时,可以考虑将该 VLAN 设置为 Native VLAN,即不给此 VLAN 加上 TAG。因为 Native VLAN 只能有一个,因此,Trunk 链路同样能区分出该 VLAN 的数据帧。

在 Trunk 链路上,还可以设置允许哪些 VLAN 的数据帧能够通过,这样可以对某些 VLAN 做访问控制。

2. 案例拓扑图

如图 10-2 所示,将 PC1、PC2 分别连接到交换机 C2960SW1 的 Fa0/5、Fa0/10 接口,PC1 划分到 VLAN 10,IP 地址设为 192.168.10.1/24,PC2 划分到 VLAN 20,IP 地址设为 192.168.20.1/24。将 PC3、PC4 分别连接到交换机 C2960SW2 的 Fa0/5、Fa0/10 接口,PC3 划分到 VLAN 10,IP 地址设置为 192.168.10.2/24,PC4 划分到 VLAN 20,IP 地址为

192.168.20.2/24。交换机 C2960SW1 的 Fa0/24 接口与交换机 C2960SW2 的 Fa0/24 接口相连。

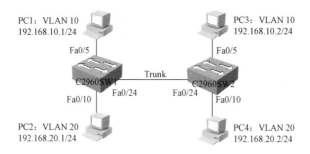

图 10-2 跨交换机 VLAN 的通信

3. 配置步骤

按照如图 10-2 所示的拓扑连接后，分别在交换机 C2960SW1 和 C2960SW2 上进行配置，步骤如下。

（1）在交换机 C2960SW1 上创建 VLAN。

```
Switch#enable
Switch#configure terminal
Enter configuration commands, one per line.  End with CNTL/Z.
Switch(config)#hostname C2960SW1
C2960SW1(config)#vlan 10
C2960SW1(config-vlan)#exit
C2960SW1(config)#vlan 20
C2960SW1(config-vlan)#exit
```

（2）在交换机 C2960SW1 上划分接口到 VLAN。

```
C2960SW1(config)#interface fa0/5
C2960SW1(config-if)#switchport access vlan 10
C2960SW1(config-if)#exit
C2960SW1(config)#interface fa0/10
C2960SW1(config-if)#switchport access vlan 20
C2960SW1(config-if)#exit
```

（3）在交换机 C2960SW1 创建 Trunk 接口。

```
C2960SW1(config)#interface fa0/24
C2960SW1(config-if)#switchport mode trunk
    %LINEPROTO-5-UPDOWN: Line protocol on Interface FastEthernet0/24, changed state to down
    %LINEPROTO-5-UPDOWN: Line protocol on Interface FastEthernet0/24, changed state to up
```

（4）在交换机 C2960SW2 上创建 VLAN。

```
Switch#enable
Switch#configure terminal
Enter configuration commands, one per line.  End with CNTL/Z.
Switch(config)#hostname C2960SW2
C2960SW2(config)#vlan 10
C2960SW2(config-vlan)#exit
```

任务10 VLAN 配 置

```
C2960SW2(config)#vlan 20
C2960SW2(config-vlan)#exit
```

(5) 在交换机 C2960SW2 上划分接口到 VLAN。

```
C2960SW2(config)#interface fa0/5
C2960SW2(config-if)#switchport access vlan 10
C2960SW2(config-if)#exit
C2960SW2(config)#interface fa0/10
C2960SW2(config-if)#switchport access vlan 20
C2960SW2(config-if)#exit
```

(6) 在交换机 C2960SW2 创建 Trunk 接口。

```
C2960SW2(config)#interface fa0/24
C2960SW2(config-if)#switchport mode trunk
%LINEPROTO-5-UPDOWN: Line protocol on Interface FastEthernet0/24, changed state to down
%LINEPROTO-5-UPDOWN: Line protocol on Interface FastEthernet0/24, changed state to up
```

(7) 将 VLAN 10 设置为 Native VLAN。

```
C2960SW1(config)#interface fa 0/24
C2960SW1(config-if)# switchport trunk native vlan 10
C2960SW2(config)#interface fa 0/24
C2960SW2(config-if)# switchport trunk native vlan 10
```

(8) 在 Trunk 链路上设置允许通过的 VLAN。例如，允许 VLAN 10 的数据帧通过 Trunk 链路，而 VLAN 20 数据帧不允许通过。

```
C2960SW1(config)#interface fa 0/24
C2960SW1(config-if)#switchport trunk allowed vlan 10
C2960SW2(config)#interface fa 0/24
C2960SW2(config-if)#switchport trunk allowed vlan 10
```

注意

在此显式允许 VLAN 10 数据帧通过，而隐式拒绝了 VLAN 20 的数据帧通过。

4. 调试验证

(1) 首先在交换机上验证 VLAN 划分及 Trunk 接口设置的正确性。通过 show vlan 命令进行查看。

```
C2960SW1#show vlan
VLAN Name                   Status    Ports
---- ---------------------- --------- -------------------------------
1    default                active    Fa0/1, Fa0/2, Fa0/3, Fa0/4
                                      Fa0/6, Fa0/7, Fa0/8, Fa0/9
                                      Fa0/11, Fa0/12, Fa0/13, Fa0/14
                                      Fa0/15, Fa0/16, Fa0/17, Fa0/18
                                      Fa0/19, Fa0/20, Fa0/21, Fa0/22
                                      Fa0/23, Gig1/1, Gig1/2
10   VLAN0010               active    Fa0/5
```

```
20   VLAN0020                    active       Fa0/10
1002 fddi-default                act/unsup
1003 token-ring-default          act/unsup
1004 fddinet-default             act/unsup
1005 trnet-default               act/unsup
...
C2960SW2#show vlan
VLAN Name                        Status       Ports
---- -------------------------   ---------    -----------------------------------
1    default                     active       Fa0/1, Fa0/2, Fa0/3, Fa0/4
                                              Fa0/6, Fa0/7, Fa0/8, Fa0/9
                                              Fa0/11, Fa0/12, Fa0/13, Fa0/14
                                              Fa0/15, Fa0/16, Fa0/17, Fa0/18
                                              Fa0/19, Fa0/20, Fa0/21, Fa0/22
                                              Fa0/23, Gig1/1, Gig1/2
10   VLAN0010                    active       Fa0/5
20   VLAN0020                    active       Fa0/10
1002 fddi-default                act/unsup
1003 token-ring-default          act/unsup
1004 fddinet-default             act/unsup
1005 trnet-default               act/unsup
...
```

从上述信息可以看到，两个交换机的 VLAN 均已创建，接口划分也已完成，并且看不到 Fa0/24 接口的信息，说明其已经设置为 Trunk 接口。

> **注意**
>
> 如果看不到某个接口，不代表其一定被设置为 Trunk 接口，也有可能它被划分到一个不存在的 VLAN 中时，也看不到该接口的信息。

（2）在 PC1 上测试其与 PC3 之间的通信及在 PC2 上测试其与 PC4 之间的通信。如果能返回信息，则说明 Trunk 设置成功及跨交换机的 VLAN 可以通信。

```
PC>ping 192.168.10.2
Pinging 192.168.10.2 with 32 bytes of data:
Reply from 192.168.10.2: bytes=32 time=29ms TTL=128
Reply from 192.168.10.2: bytes=32 time=13ms TTL=128
Reply from 192.168.10.2: bytes=32 time=12ms TTL=128
Reply from 192.168.10.2: bytes=32 time=14ms TTL=128
Ping statistics for 192.168.10.2:
    Packets: Sent = 4, Received = 4, Lost = 0 (0% loss),
Approximate round trip times in milli-seconds:
    Minimum = 12ms, Maximum = 29ms, Average = 17ms
```

（3）在 Trunk 链路上设置允许 VLAN 10 数据帧通过，而不允许 VLAN 20 数据帧通过后，再进行测试。则 PC1 能够 Ping 通 PC3，但是 PC2 不能 Ping 通 PC4。

```
PC>ping 192.168.20.2
Pinging 192.168.20.2 with 32 bytes of data:
Request timed out.
```

```
Request timed out.
Request timed out.
Request timed out.
Ping statistics for 192.168.20.2:
    Packets: Sent = 4, Received = 0, Lost = 4 (100% loss),
```

5. 要点分析

在 Trunk 链路上能够传输不同的 VLAN 信息。为了区分这些 VLAN 信息，在 VLAN 的帧上加上该 VLAN 的标签（即 TAG），从而使得对方能够识别该 VLAN 的帧属于哪个 VLAN。

10.4 VLAN 间的通信案例

划分 VLAN 可以将一个物理网络划分成若干个逻辑网络（VLAN），每个逻辑网络相互独立，各不影响。但有的时候，VLAN 之间的用户也需要进行通信。而 VLAN 之间的通信需要第三层路由来实现，目前可以利用三层交换机和路由器来完成。

10.4.1 利用三层交换机实现 VLAN 间的通信

1. 案例应用场景分析

利用三层交换机实现 VLAN 之间的通信主要利用三层交换机的路由功能。在三层交换机上，给需要相互通信的 VLAN 配置其 SVI（Switch Virtual Interface，交换机虚拟接口）地址，让该地址作为本 VLAN 中的计算机的网关（Gateway）地址。启用交换机的路由功能后，VLAN 之间就可以相互访问了。

2. 案例拓扑图

按照如图 10-3 所示的网络拓扑进行连接。在交换机 C2960 的 Fa0/10 接口上连接了 VLAN 10 中的一台计算机，其 IP 地址为 192.168.10.2/24，网关为 192.168.10.1；Fa0/20 接口上连接了 VLAN 20 中的一台计算机，其 IP 地址为 192.168.20.2/24，网关为 192.168.20.1；Fa0/24 接口与交换机 C3560 的 Fa0/24 接口连接。

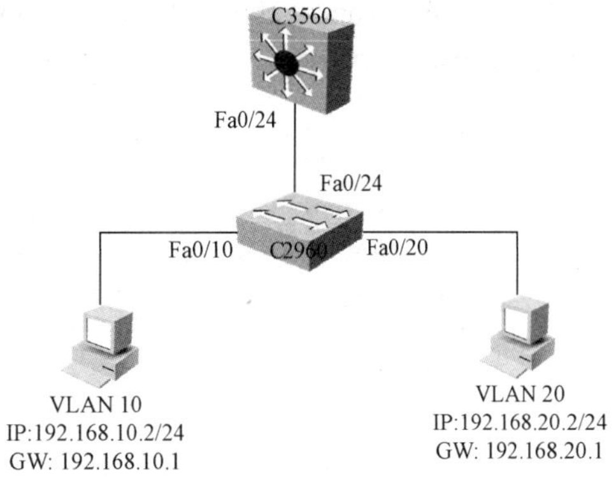

3. 配置步骤

（1）在 C2960 上创建 VLAN。

图 10-3 利用三层交换机实现 VLAN 间的通信

```
Switch>enable
Switch#configure terminal
Enter configuration commands, one per line. End with CNTL/Z.
Switch(config)#hostname C2960
C2960(config)#vlan 10
C2960(config-vlan)#exit
C2960(config)#vlan 20
C2960(config-vlan)#exit
```

（2）将接口划分到 C2960 指定的 VLAN 中。

```
C2960(config)#int fa 0/10
C2960(config-if)#switchport access vlan 10
```

```
C2960(config-if)#exit
C2960(config)#int fa 0/20
C2960(config-if)#switchport access vlan 20
```

（3）在 C3560 上创建 VLAN。

```
Switch>enable
Switch#configure terminal
Enter configuration commands, one per line.  End with CNTL/Z.
Switch(config)#hostname C3560
C3560(config)#vlan 10
C3560(config-vlan)#exit
C3560(config)#vlan 20
C3560(config-vlan)#exit
```

（4）设置 Trunk 链路。

```
C2960(config)#int fa 0/24
C2960(config-if)# switchport mode trunk
C3560(config)#int fa 0/24
C3560(config-if)#switchport trunk encapsulation dot1q
C3560(config-if)#switchport mode trunk
```

> **注 意**
>
> 在 C3560 的接口上设置 Trunk 模式时，如果出现"Command rejected: An interface whose trunk encapsulation is "Auto" cannot be configured to "trunk" mode."的信息，则需要先给该接口封装 IEEE802.1Q 协议，即"dot1q"，命令为"switchport trunk encapsulation dot1q"。

（5）在 C3560 的 VLAN 上设置 SVI 地址。

```
C3560(config)#int vlan 10
%LINK-5-CHANGED: Interface Vlan10, changed state to up
C3560(config-if)#ip address 192.168.10.1 255.255.255.0
C3560(config-if)#no shutdown
C3560(config-if)#exit
C3560(config)#int vlan 20
%LINK-5-CHANGED: Interface Vlan20, changed state to up
C3560(config-if)#ip address 192.168.20.1 255.255.255.0
C3560(config-if)#no shutdown
```

（6）启用 C3560 的三层路由功能。

```
C3560(config)#ip routing
```

4．调试验证

设置 VLAN 10 和 VLAN 20 中的两台计算机的 IP 地址，在 VLAN 10 中的计算机上测试与 VLAN 20 中的计算机的连通性。如果成功，则说明通过三层交换机实现 VLAN 之间的通信成功。

```
PC>ping 192.168.20.2
Pinging 192.168.20.2 with 32 bytes of data:
Reply from 192.168.20.2: bytes=32 time=9ms TTL=127
Reply from 192.168.20.2: bytes=32 time=26ms TTL=127
```

```
Reply from 192.168.20.2: bytes=32 time=14ms TTL=127
Reply from 192.168.20.2: bytes=32 time=10ms TTL=127

Ping statistics for 192.168.20.2:
    Packets: Sent = 4, Received = 4, Lost = 0 (0% loss),
Approximate round trip times in milli-seconds:
    Minimum = 9ms, Maximum = 26ms, Average = 14ms
```

5. 要点分析

三层交换机具有路由功能，因此，可以将其当作路由器来使用。在 VLAN 上设置 SVI 地址等价于给这个三层交换机设置了一个虚拟接口，与路由器的物理接口一样，它们直连在三层交换机上，由三层交换机的路由模块负责不同 VLAN 之间的数据转发。

10.4.2 利用路由器实现 VLAN 间的通信

1. 案例应用场景分析

在三层交换机上可以设置 SVI 虚拟接口地址来实现 VLAN 之间的通信。在路由器上，将 VLAN 连接到路由器的物理接口，并为其设置 IP 地址后，也同样可以实现 VLAN 之间的通信。

2. 案例拓扑图

按照如图 10-4 所示的网络拓扑进行连接。在交换机 C2960 的 Fa0/10 接口上连接了 VLAN 10 中的一台计算机，其 IP 地址为 192.168.10.2/24，网关为 192.168.10.1；Fa0/20 接口上连接了 VLAN 20 中的一台计算机，其 IP 地址为 192.168.20.2/24，网关为 192.168.20.1；交换机 C2960 的 Fa0/1 接口与路由器 R2811 的 Fa0/0 接口连接；交换机 C2960 的 Fa0/2 接口与路由器 R2811 的 Fa0/1 接口连接；交换机 Fa0/1 与 Fa0/10 同属于 VLAN 10，Fa0/2 与 Fa0/20 同属于 VLAN 20。

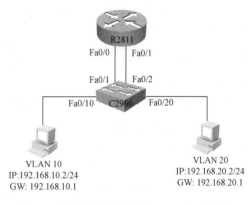

图 10-4 利用路由器实现 VLAN 间的通信

3. 配置步骤

（1）在 C2960 上创建 VLAN。

```
Switch>enable
Switch#configure terminal
Enter configuration commands, one per line. End with CNTL/Z.
Switch(config)#hostname C2960
C2960(config)#vlan 10
C2960(config-vlan)#exit
C2960(config)#vlan 20
C2960(config-vlan)#exit
```

（2）将接口划分到 C2960 指定的 VLAN 中。

```
C2960(config)#int fa 0/1
C2960(config-if)#switchport access vlan 10
C2960(config)#int fa 0/10
C2960(config-if)#switchport access vlan 10
```

```
C2960(config-if)#exit
C2960(config)#int fa 0/2
C2960(config-if)#switchport access vlan 20
C2960(config)#int fa 0/20
C2960(config-if)#switchport access vlan 20
```

(3) 配置路由器的物理接口地址。

```
Router>enable
Router#configure terminal
Enter configuration commands, one per line. End with CNTL/Z.
Router(config)#interface fa 0/0
Router(config-if)#ip address 192.168.10.1 255.255.255.0
Router(config-if)#no sh
%LINK-5-CHANGED: Interface FastEthernet0/0, changed state to up
%LINEPROTO-5-UPDOWN: Line protocol on Interface FastEthernet0/0, changed state to up
Router(config-if)#exit
Router(config)#int fa 0/1
Router(config-if)#ip address 192.168.20.1 255.255.255.0
Router(config-if)#no sh
%LINK-5-CHANGED: Interface FastEthernet0/1, changed state to up
%LINEPROTO-5-UPDOWN: Line protocol on Interface FastEthernet0/1, changed state to up
```

4. 调试验证

设置 VLAN 10 和 VLAN 20 中的两台计算机的 IP 地址，在 VLAN 10 中的计算机上测试与 VLAN 20 中的计算机的连通性。如果成功，则说明通过路由器的两个物理接口实现 VLAN 之间的通信成功。

5. 要点分析

使用路由器的多个物理接口连接不同的 VLAN，VLAN 中的计算机需要配置的网关指向所连物理接口的 IP 地址。然后由路由器负责不同 VLAN 之间的数据包转发。

10.4.3 利用单臂路由实现 VLAN 间的通信

1. 案例应用场景分析

通过路由器的两个物理接口虽然能实现 VLAN 之间的通信，但是，如果 VLAN 数目增加也需要增加相应的物理接口才能实现所有 VLAN 之间的通信。而路由器接口的数量是有限的，不可能提供很多接口来实现 VLAN 之间的通信。单臂路由就可以解决这一问题，它可以利用一个物理接口实现与多个不同 VLAN 之间的连接，其关键技术是在该物理接口上划分出若干个逻辑子接口。同时，需要将交换机上连接到路由器的这个接口设置为 Trunk 模式，使之能够传输多个 VLAN 的信息。

2. 案例拓扑图

按照如图 10-5 所示的网络拓扑进行连接。在交换机 C2960 的 Fa0/10 接口上连接了 VLAN 10 中的一台计算机，其 IP 地址为 192.168.10.2/24，网关为 192.168.10.1；Fa0/20 接口上连接了 VLAN 20 中的一台计算机，其 IP 地址为 192.168.20.2/24，网关为 192.168.20.1；交换机 C2960 的 Fa0/1 接口与路由器 R2811 的 Fa0/0 接口连接。

任务 10 VLAN 配 置

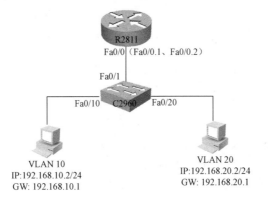

图 10-5 利用单臂路由实现 VLAN 间的通信

3. 配置步骤

（1）在 C2960 上创建 VLAN。

```
Switch>enable
Switch#configure terminal
Enter configuration commands, one per line. End with CNTL/Z.
Switch(config)#hostname C2960
C2960(config)#vlan 10
C2960(config-vlan)#exit
C2960(config)#vlan 20
C2960(config-vlan)#exit
```

（2）将接口划分到 C2960 指定的 VLAN 中。

```
C2960(config)#int fa 0/10
C2960(config-if)#switchport access vlan 10
C2960(config-if)#exit
C2960(config)#int fa 0/20
C2960(config-if)#switchport access vlan 20
```

（3）将 C2960 的 Fa0/1 接口设置为 Trunk 模式。

```
Switch(config)#int fa 0/1
Switch(config-if)#switchport mode trunk
```

（4）设置路由器子接口。

```
Router>enable
Router#configure terminal
Enter configuration commands, one per line. End with CNTL/Z.
Router(config)#hostname R2811
R2811 (config)#interface fa 0/0
R2811 (config-if)#no shutdown
%LINK-5-CHANGED: Interface FastEthernet0/0, changed state to up
%LINEPROTO-5-UPDOWN: Line protocol on Interface FastEthernet0/0, changed state to up
R2811 (config-if)#exit
R2811 (config)#int fa 0/0.1
%LINK-5-CHANGED: Interface FastEthernet0/0.1, changed state to up
%LINEPROTO-5-UPDOWN: Line protocol on Interface FastEthernet0/0.1, changed
```

```
state to up
    R2811 (config-subif)#encapsulation dot1Q 10        //10 为 VLAN 10 的 ID
    R2811 (config-subif)#ip address 192.168.10.1 255.255.255.0
    R2811 (config-subif)#no shutdown
    R2811 (config)#interface fa 0/0.2
    %LINK-5-CHANGED: Interface FastEthernet0/0.2, changed state to up
    %LINEPROTO-5-UPDOWN: Line protocol on Interface FastEthernet0/0.2, changed
state to up
    R2811 (config-subif)#encapsulation dot1Q 20        //20 为 VLAN 20 的 ID
    R2811 (config-subif)#ip address 192.168.20.1 255.255.255.0
    R2811 (config-subif)#no shutdown
```

4. 调试验证

设置 VLAN 10 和 VLAN 20 中的两台计算机的 IP 地址，在 VLAN 10 中的计算机上测试与 VLAN 20 中的计算机的连通性。如果成功，则说明通过单臂路由实现 VLAN 之间的通信成功。

5. 要点分析

如果使用路由器的一个物理接口连接不同的 VLAN，则该物理接口必须创建多个不同的子接口来连接到这些不同的 VLAN，即不同的 VLAN 通过这条物理链路的子信道来实现相互之间的通信。每个子接口上也必须要封装对应 VLAN ID 的 dot1Q 信息。

10.5 利用 VTP 协议划分 VLAN 案例

1. 案例应用场景分析

在中大规模的交换网络中，交换机的数量如果比较多，则管理员在 VLAN 的管理时，需要对每台交换机的 VLAN 进行管理，工作量也较大。此时，如果采用 VTP 协议，管理员只要在交换机上启用 VTP 的工作模式，则可以使得 VTP 的客户端（Client）从 VTP 的服务器端（Server）学习到 VLAN 的信息并在本交换机创建，而不需要管理员在每台客户端交换机上分别创建。这样既减轻了管理员的工作量，也避免了一些管理失误的发生。

2. 案例拓扑图

如图 10-6 所示，将交换机 SwitchA 的 Fa0/1 接口连接到 SwitchB 的 Fa0/1 接口，将 SwitchB 的 Fa0/2 接口连接到 SwitchC 的 Fa0/2 接口。交换机 SwitchA 设置为 Server 模式，SwitchB 设置为 Transparent 模式，SwitchC 设置为 Client 模式。

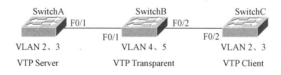

图 10-6 利用 VTP 协议划分 VLAN

3. 配置步骤

（1）交换机互连接口的 Trunk 模式配置。

```
Switch> enable
Switch# configure terminal
```

```
Switch (config)# hostname SwitchA
SwitchA(config)# interface fastethernet 0/1
SwitchA(config-if)# switchport mode trunk
SwitchA(config-if)# exit
Switch> enable
Switch# configure terminal
Switch (config)# hostname SwitchB
SwitchB(config)# interface fastethernet 0/1
SwitchB(config-if)# switchport mode trunk
SwitchB(config-if)# exit
SwitchB(config)# interface fastethernet 0/2
SwitchB(config-if)# switchport mode trunk
SwitchB(config-if)# exit
Switch> enable
Switch# configure terminal
Switch (config)# hostname SwitchB
SwitchC(config)# interface fastethernet 0/2
SwitchC(config-if)# switchport mode trunk
SwitchC(config-if)# exit
```

（2）配置交换机的VTP。

```
SwitchA(config)# vtp domain Cisco
Change VTP domain from NULL to Cisco
SwitchA(config)# vtp mode server
SwitchB(config)# vtp domain Cisco
Change VTP domain from NULL to Cisco
SwitchB(config)# vtp mode transparent
SwitchC(config)# vtp domain Cisco
Change VTP domain from NULL to Cisco
SwitchC(config)# vtp mode client
```

（3）配置各交换机的VLAN，并验证VTP各模式的特点。

```
//SwitchA交换机VLAN的配置：
SwitchA#vlan database
SwitchA(vlan)#vlan 2
SwitchA(vlan)#vlan 3
SwitchA(vlan)#exit
SwitchA#
//witchB交换机VLAN的配置：
SwitchB# vlan database
SwitchB(vlan)#vlan 4
SwitchB(vlan)#vlan 5
SwitchB(vlan)#exit
```

（4）配置交换机的VTP口令。

```
//SwitchA交换机VTP口令配置：
SwitchA# configure terminal
SwitchA (config)# vtp password cisco
SwitchA(config)# exit
```

```
//SwitchB 交换机 VTP 口令配置：
SwitchB# configure terminal
SwitchB(config)#vtp password cisco
//SwitchC 交换机 VTP 口令配置：
SwitchC# configure terminal
SwitchC#(config)# vtp password cisco
```

4. 调试验证

（1）在交换机上通过运行命令"show vtp brief"来查看 VTP 的配置信息，例如：

```
SwitchA# show vtp brief
VTP Version                      : 2
Configuration Revision           : 1
Maximum VLANs supported locally  : 255
Number of existing VLANs         : 5
VTP Operating Mode               : Server
VTP Domain Name                  : cisco
VTP Pruning Mode                 : Disabled
VTP V2 Mode                      : Enabled
VTP Traps Generation             : Disabled
MD5 digest                       : 0x60 0x89 0x9B 0x6C 0xF9 0x4A 0xAC 0xA4
Configuration last modified by 0.0.0.0 at 3-1-93 00:01:40
Local updater ID is 0.0.0.0 (no valid interface found)
```

（2）在交换机 SwitchC 上查看 VLAN 的信息。查看 SwitchC 是否学习到了 SwitchA 上创建的 VLAN 2 和 3。

```
SwitchC# show vlan
%SYS-5-CONFIG_I: Configured from console by console

VLAN Name                             Status    Ports
---- -------------------------------- --------- -------------------------------
1    default                          active    Fa0/1, Fa0/3, Fa0/4, Fa0/5
                                                Fa0/6, Fa0/7, Fa0/8, Fa0/9
                                                Fa0/10, Fa0/11, Fa0/12, Fa0/13
                                                Fa0/14, Fa0/15, Fa0/16, Fa0/17
                                                Fa0/18, Fa0/19, Fa0/20, Fa0/21
                                                Fa0/22, Fa0/23, Fa0/24, Gig1/1
                                                Gig1/2
2    VLAN0002                         active
3    VLAN0003                         active
1002 fddi-default                     act/unsup
1003 token-ring-default               act/unsup
1004 fddinet-default                  act/unsup
1005 trnet-default                    act/unsup
...
```

（3）在交换机 SwitchB 上查看 VLAN 的信息。可以看到，SwitchB 并不学习 SwitchA 上创建的 VLAN 2 和 3，而只有自己创建的 VLAN 4 和 5。

```
Switch#show vlan
VLAN Name                         Status     Ports
---- -------------------------- --------- -------------------------------
1    default                     active     Fa0/3, Fa0/4, Fa0/5, Fa0/6
                                            Fa0/7, Fa0/8, Fa0/9, Fa0/10
                                            Fa0/11, Fa0/12, Fa0/13, Fa0/14
                                            Fa0/15, Fa0/16, Fa0/17, Fa0/18
                                            Fa0/19, Fa0/20, Fa0/21, Fa0/22
                                            Fa0/23, Fa0/24, Gig1/1, Gig1/2
4    VLAN0004                    active
5    VLAN0005                    active
1002 fddi-default                act/unsup
1003 token-ring-default          act/unsup
1004 fddinet-default             act/unsup
1005 trnet-default               act/unsup
…
```

5. 要点分析

VTP 协议可以减少在规模较大的交换网络中管理 VLAN 的工作量，它可以让客户端交换机自动地学习到 VLAN 的增加或删除，避免因管理员的失误或考虑步骤而导致网络中出现问题。VTP 配置的重点在于建立 VTP 域，并设置 Server 端和 Client 端，这需要管理员事先规划确定扮演这些角色的交换机。

习　题

理论基础知识：

1. 什么是 VLAN？它的主要作用是什么？
2. 划分 VLAN 的主要方法有哪些？目前主要使用的划分 VLAN 的方法是哪种？
3. 什么是 Trunk？它有何作用？
4. 什么是 VTP？在交换网络中使用有何优点？
5. 什么是单臂路由？一般在什么场合下使用？

实践操作：

如图 10-7 所示，四台二层交换机构建了一个局域网环境，SwitchA、SwitchB、SwitchC 的 Fa0/1 分别连接到 Switch 的 Fa0/1-3 号接口。Switch 的 Fa0/4 号接口与 Router 的 Fa0/0 接口。在 SwitchA 上启用 VTP 协议，并设置为 Server 模式，域为 sample，SwitchB、SwitchC 上启用 VTP 协议，并设置为 Client 模式，域为 sample，Switch 上启用 VTP 协议，并设置为 Transparent 模式，域为 sample。在 SwitchA 上创建 VLAN 10 和 VLAN 20，PC1、PC2 分别连接到 SwitchA 的 Fa0/5 和 Fa0/10 接口，PC3 连接到 SwitchB 的 Fa0/5 接口，PC4、PC5 分别连接到 SwitchC 的 Fa0/5 和 Fa0/10 接口。PC1、PC4 属于 VLAN 10，网段为 192.168.10.0/24，PC2、PC3、PC5 属于 VLAN 20，网段为 192.168.20.0/24。最后在 PC1 上 ping 测试与其他 PC 的连通性。

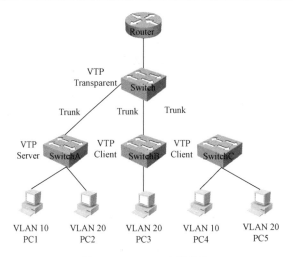

图 10-7　VLAN 实践操作

任务 11　冗余链路配置及负载均衡

交换网络中的冗余链路可以提高网络的可靠性,也可以增加通信链路的带宽。但是这样的设计会在交换网络中形成网络环路,会在网络中造成广播风暴、单帧的多次递交、桥接表的不稳定的问题。本任务将通过在交换网络中采用生成树技术和以太网通道技术来解决这些问题,从而保证在交换网络中既能通过冗余链路来提高网络的可靠性和性能,又能避免广播风暴等问题的产生。

11.1　冗余链路的认知

1. 冗余链路概述

(1) 什么是冗余链路。一般情况下,主干网络设备的连接中,如果只存在单一的链路,该链路出现故障,则会导致整个网络瘫痪。为了保证网络的可靠性和稳定性,往往在交换网络中的主干网络设备的连接中采用多条备份连接。这些备份连接可以在主链路出现故障时充当其替补,保证网络的正常运行。而这些备份连接一般称之为冗余链路或备份链路。

(2) 冗余链路的主要优点。在进行网络拓扑结构的设计时,冗余链路往往是设计者经常考虑的重要因素之一。特别是在某些特殊的应用场合下,如设计金融、证券或者是电信服务提供商的网络时候,"冗余"是经常被提及的。因为现在一般的企业单位越来越依赖于计算机网络来实现其生产活动,如果网络出现故障,则这些单位就会面临无法组织正常的生产,从而带来直接的经济损失。所以,企业网络需要较高的可靠性,并希望如果网络一旦出现故障,则马上可以从故障中恢复。而冗余链路正好可以满足此需求。如图 11-1 所示,网段 1 和网段 2 之间由两条链路连接,如果其中一条出现单点故障,则不影响网段 1 和网段 2 之间的正常通信。冗余链路的主要优点概括如下。

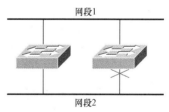

图 11-1　冗余链路

1) 容错特性:冗余链路不仅是一种负载分担机制,它还是一种重要的灵活性机制。一旦局域网的某条链路出现了故障,可以由其冗余链路代替其工作。

2) 伸缩性:通过将多个物理链路绑定在一起形成一条逻辑链路,链路汇聚技术提高了可用带宽。例如,为了提高两台千兆以太网交换机之间的交换性能,链路汇聚技术可以绑定多个千兆位交换物理接口,形成一条逻辑上的通道,在需要时还可以对其进行拓展。

3) 节约成本:冗余链路可以在不增加额外设备或升级现有设备性能的基础上保障局域网的可靠性和提高核心链路的带宽。

(3) 冗余链路带来的问题。虽然冗余链路具有以上的优点,但是如果在网络中直接添加一条冗余链路,致使网络出现了环路问题而不采用相关的措施,则会给局域网带来很大的麻烦,甚至会导致整个局域网的瘫痪。导致这个问题的原因是由于交换机所有的接口都处于同一个广播域中,所以如果交换网络中存在环路,则将会导致广播风暴、多帧复制及 MAC 地址表的不稳定等问题。

1）广播风暴。广播风暴可以短时间内使得网络出现堵塞，甚至造成整个网络的瘫痪。因此在设计和管理网络时必须要尽可能地避免广播风暴的发生。广播风暴的发生除了个别网络终端发生故障后会发送广播包之外，交换网络中的环路是其出现的主要原因。如图 11-2 所示，主机 A 为了获取主机 B 的 MAC 地址，需要进行 ARP 解析。因此，主机 A 发送一个 ARP 广播来解析主机 B 的地址，而交换机对广播消息会直接转发，因此会造成该广播帧不断地在这个环路中的两个交换机中重复转发，最终导致网络的带宽的耗尽而瘫痪。

2）多帧复制。在图 11-2 中，广播消息在交换机环路中不断地循环，而且它还会向交换机的所有接口"洪泛"广播消息。这将造成连接在此环路交换机上的主机不断地收到相同的广播帧，这些主机的正常工作也因此受到影响，甚至可能出现死机现象。

3）MAC 地址表不稳定。交换机内存中存放 MAC 地址和接口映射关系的 MAC 地址表是其进行数据转发的重要依据。但是，在广播风暴发生时，它的正常工作将会受到影响。如图 11-3 所示，交换机 A 和 B 收到第一个广播帧时，它们将广播帧的源 MAC 地址（即主机 A 的 MAC 地址）与接口 1 的映射关系保存到 MAC 地址表中。

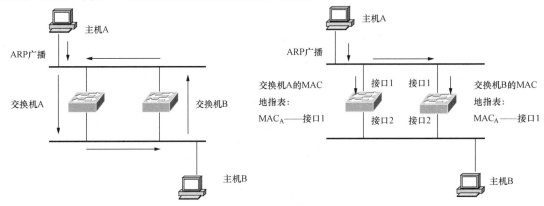

图 11-2 广播风暴的形成　　　图 11-3 交换机 A 和 B 的接口 1 收到第一个广播帧

由于环路的存在，交换机 A 和 B 对其收到的广播帧进行转发后，广播帧又分别到达交换机 B 和 A 的接口 2，如图 11-4 所示。此时，交换机 B 和 A 又将广播帧的源 MAC 地址和接口 2 的映射关系更新到 MAC 地址表。

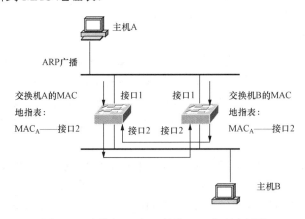

图 11-4 交换机 B 和 A 的接口 2 收到广播帧

接着，交换机 A 和 B 的接口 1 又会收到此重复的广播帧，于是再将其源 MAC 地址和接口 1 的映射关系更新到 MAC 地址表。这样反复循环，MAC 地址表中的映射表项不断地在 MAC_A——接口 1 和 MAC_A——接口 2 之间变换，造成 MAC 地址表的不稳定。而交换机也不得不消耗更多的系统资源来处理这些变化，从而影响了交换机的性能。

2．生成树协议

生成树协议（Spanning Tree Protocol，STP）定义在 IEEE 802.1d 中，是一种链路管理协议，它为网络提供路径冗余同时防止产生环路。

（1）生成树的基本原理。STP 允许网桥/交换机之间相互通信以发现网络物理环路。该协议定义了一种算法，网桥/交换机能够使用它创建无环路（Loop-Free）的逻辑拓扑结构。

在 STP 协议中定义了根桥（Root Bridge）、根接口（Root Port）、指定接口（Designated Port）、路径开销（Path Cost）等概念，目的就在于通过构造一棵生成树的方法达到裁剪冗余环路的目的，同时实现链路备份和路径最优化。用于构造这棵树的算法称为生成树算法 SPA（Spanning Tree Algorithm），其工作过程如下。

1）选取根网桥。选取的依据是交换机优先级和交换机 MAC 地址组合成的桥 ID（Bridge ID），桥 ID 最小的网桥将成为网络中的根桥。一般交换机的默认优先级是 32768，优先级最小的成为根网桥；如果优先级相同，则 MAC 地址最小的成为根网桥。根网桥默认每 2s 发送一次 BPDU。

2）确定根接口。根网桥上没有根接口，接口开销最小的成为根接口。如果接口开销相同，则 Port ID 最小接口的成为根接口。Port ID 通常为接口的 MAC 地址，即在接口开销相同的前提下，MAC 地址最小的接口成为根接口。

接口开销的大小是根据接口所连接的介质而定，见表 11-1 所示。

表 11-1　　　　　　　　　　各种介质的开销

链路速度	开销（修订后的 IEEE 标准）	开销（以前的 IEEE 标准）
10Gb/s	2	1
1Gb/s	4	1
100Mb/s	19	10
10Mb/s	100	100

3）在每个网段上选取唯一一个指定接口。接口开销最小的成为指定接口。因为根网桥接口到各网段的开销最小，所以通常只有根网桥接口成为指定接口。被选定为根接口和指定接口的进行转发状态，而其他接口进入阻塞状态，只侦听 BPDU。

4）如果阻塞接口在指定的时间间隔（默认 20s）收不到 BPDU 时，则会重新运行生成树算法进行选举。这将在运行生成树算法的过程中，使得网络处于阻断状态，所有接口都不进行转发。

生成树经过一段时间（默认值是 30s 左右）稳定之后，所有接口要么进入转发状态，要么进入阻塞状态。STPBPDU 仍然会定时从各个网桥的指定接口发出，以维护链路的状态。如果网络拓扑发生变化，生成树就会重新计算，接口状态也会随之改变。交换机接口状态转换如图 11-5 所示。

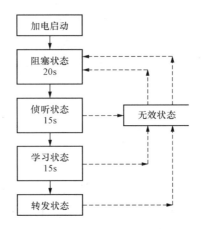

图 11-5 交换机接口状态转换

（2）生成树举例。如图 11-6 所示是一个由三个交换机组成的环形网络。下面就以此图来说明生成树的形成过程。

首先，确定哪台交换机为根桥。因为 SwitchA、B 和 C 的优先级同为 32768，所以选择交换机的 MAC 地址最小的交换及作为根桥——SwitchA。

其次，在非根交换机上，根据接口的开销和 Port ID 来确定根接口。图中每条链路都是 100Mb/s 的以太网链路，对于 SwitchB 的接口 F0/1 到根桥的开销为 19，接口 F0/2 到根桥的开销为 38，所以 SwitchB 的接口 F0/1 为根接口。同样，SwitchC 的根接口为 F0/1。

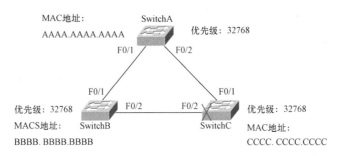

图 11-6 生成树生成过程

接着，确定指定接口。因为交换机 A 为根桥，所以它的 F0/1 和 F0/2 接口为指定接口，即这两个接口不能被阻塞。

最后，确定阻塞接口。根据交换机 MAC 地址大小，SwitchC 的 MAC 地址要大于交换机 B，因此，SwitchC 的 F0/2 号接口被阻塞，SwitchB 上的 F0/2 号接口处于转发状态，成为指定接口。这样，在此环路中的生成树就计算完了。

（3）生成树协议的种类。

1）基本 STP 协议（IEEE802.1d）——基本 STP（Spanning Tree Protocol），即 IEEE 802.1d 是最早关于 STP 的标准，它提供了网络的动态冗余切换机制。该协议执行 STA（生成树算法），以避免成环。

2）PVST 协议——PVST 协议即每 VLAN 生成树 PVST（Per VLAN Spanning Tree）。该协议为每个 VLAN 建立一个 STP 树，这样可以独立地为每个 VLAN 控制哪些接口要转发数据，从而实现负载均衡。但由于维持的树过多，会影响交换机性能。Cisco 交换机默认的模式为 PVST。

3）RSTP 协议（IEEE802.1w）——RSTP 快速生成树协议相当于一种握手机制，是主动的。而 STP 协议是被动等待通告。RSTP 协议在 STP 协议基础上做了三点重要改进，使得收敛速度快得多：①为根接口和指定接口设置了快速切换用的替换接口（Alternate Port）和备份接口（Backup Port）两种角色，当根接口或指定接口失效的情况下，替换接口/备份接口就会无时延地进入转发状态；②在只连接了两个交换接口的点对点链路中，指定接口只需与下游交换机进行一次握手就可以无时延地进入转发状态；③直接与终端相连而不是把其他交换机相连的接口定义为边缘接口（Edge Port）。边缘接口可以直接进入转发状态，不需要任何延时。

4）MSTP 多生成树协议（IEEE 802.1s）——MSTP 把多个 VLAN 减少了 STP VLAN 而映射到一个 STP 生成树上，这样就比 PVST 协议减少了生成树的个数，加快了收敛，降低了设备资源使用率，同时仍然可以做负载平衡和相互备份。

5）Portfast、Uplinkfast、Backbonefast——STP 的收敛时间一般需要 30～50s。为了减少收敛时间，可以采取一些改善措施：①Portfast：该特性是指连接设备的接口无需经过监听和学习状态，直接从堵塞状态进入转发状态。如果接口上连接的只是计算机或者不运行 STP 的设备，其无需接收 BDPU，这样减少了 STP 的收敛时间，节约了 30s（转发延迟）的时间。但是在启用该特性前需确保网络无环路。②Uplinkfast：该特性主要用在接入层交换机上且该交换机有阻塞接口，则当它连接到的主干交换机上的主链路出现故障时，马上启动阻塞接口进行通信（即从 Blocking 状态转到 Forwarding 状态），而不需要经过 30s 或 50s 的收敛时间。③Backbonefast：该特性主要用于主干交换机之间，当主干交换机之间的链路出现故障时，可以比原先的 50s 少 20s 就可以切换到备份链路上。Backbonefast 需在所有交换机上配置。

3. 以太网通道

（1）基本定义。以太网通道（Etherchannel）是将两个设备之间的多条物理链路进行绑定，并形成一条逻辑上的虚拟链路，以便达到增加两个设备之间通信的带宽及实现负载均衡的一种链路技术。

（2）实现以太网通道需遵循的规则。在绑定物理链路时，物理链路的数量必须为偶数，此外还必须满足以下规则。

1）所有绑定的物理接口都必须处于同一个 VLAN 中。

2）如果接口配置为 Trunk 模式，则通道两端的所有接口都必须配置成相同的 Trunk 模式。

3）所有参与绑定的接口都必须设置为相同的物理参数，如相同的速度（speed 10/100/1000）、相同的双工模式（duplex half/full）等。

（3）PAgP 和 LACP 协议。Cisco 交换机有两种以太网通道的协议，即端口聚合协议（PAgP）和链路聚合控制协议（LACP）。其中，PAgP 是 Cisco 专用的以太网通道协议，它有四种模式，如表 11-2 所示。LACP 是 IEEE802.3ad 标准协议，它也有四种模式，如表 11-3 所示。

表 11-2　　　　　　　　　　　　　　PAgP 的四种模式

模式	作用
On	接口不进行协商直接形成以太网通道。在此模式下，对方接口也必须是 on 模式，以太网通道才能正常工作

模 式	作 用
Off	关闭接口的以太网通道
Auto	在自动协商模式时，被动地监听，而不主动发起协商，等待 PAgP 协商请求数据包，当出现请求时才进行以太网通道的协商
Desirable	此模式将主动发起请求进行以太网通道的协商

表 11-3　　LACP 的四种模式

模 式	作 用
On	接口不进行协商直接形成以太网通道。在此模式下，对方接口也必须是 on 模式，以太网通道才能正常工作
Off	关闭接口的以太网通道
Passive	在被动模式时，被动地监听，而不主动发起协商，等待 LACP 协商请求数据包，当出现请求时才进行以太网通道的协商
Active	此模式将主动发起请求进行以太网通道的协商

4. 链路的负载均衡

所谓负载均衡（Load Balance），就是在负载（即工作任务）平均分摊到多个操作单元上执行。在冗余通信链路上，可以将通信任务平均分担到每条链路上，这可以减轻链路的负载，同时也能提高通信的效率。

在生成树协议的冗余链路及以太网通道的链路上都可以实现链路的负载均衡。

11.2　生成树的基本配置案例

1. 案例应用场景分析

在 Cisco 交换机上，默认在每个 VLAN 都已经启用了生成树协议，即 PVST。生成树的默认参数配置如表 11-4 所示。在实际的场合中需要根据具体的需要来设置这些参数，从而满足网络建设和管理的需要。

表 11-4　　生成树的默认参数

特 征	默 认 设 置
启用状态	VLAN1 启用，最多可以启用 64STP
交换机优先级	32768
STP 接口优先级	128
STP 接口开销	1000Mb/s: 4 100Mb/s:19 10Mb/s:100
STP VLAN 接口优先级	128
STP VLAN 接口开销	1000Mb/s: 4 100Mb/s:19 10Mb/s:100

2. 案例拓扑图

如图 11-7 所示,分别将两台 C2960 交换机(SwitchA 和 SwitchB)的 Fa0/1 和 Fa0/2 进行连接。

3. 配置步骤

(1)查看交换机的生成树。

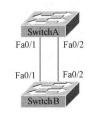

图 11-7 生成树的基本配置

```
SwitchA#show spanning-tree
VLAN0001
  Spanning tree enabled protocol ieee
  Root ID    Priority    32769
             Address     0009.7CE6.007E
             This bridge is the root
             Hello Time  2 sec  Max Age 20 sec  Forward Delay 15 sec
  Bridge ID  Priority    32769  (priority 32768 sys-id-ext 1)
             Address     0009.7CE6.007E
             Hello Time  2 sec  Max Age 20 sec  Forward Delay 15 sec
             Aging Time  20
Interface        Role Sts  Cost       Prio.Nbr  Type
---------------- ---- ---  ---------  --------  ---------------------
Fa0/1            Desg FWD  19         128.1     P2p
Fa0/2            Desg FWD  19         128.2     P2p
```

从上述配置信息可以看到,SwitchA 的 VLAN 1 上的生成树的根交换机是 SwitchA,Fa0/1 和 Fa0/2 接口的角色(Role)为指定接口(Desg),两者的状态(Sts)都为转发状态(FWD),接口的开销(Cost)都是 19,接口优先级(Prio)都是 128,链路类型(Type)都是点对点(P2p)。

```
SwitchB#show spanning-tree
VLAN0001
  Spanning tree enabled protocol ieee
  Root ID    Priority    32769
             Address     0009.7CE6.007E
             Cost        19
             Port        1(FastEthernet0/1)
             Hello Time  2 sec  Max Age 20 sec  Forward Delay 15 sec
  Bridge ID  Priority    32769  (priority 32768 sys-id-ext 1)
             Address     000A.F31E.356D
             Hello Time  2 sec  Max Age 20 sec  Forward Delay 15 sec
             Aging Time  20
Interface        Role Sts  Cost       Prio.Nbr  Type
---------------- ---- ---  ---------  --------  ---------------------
Fa0/1            Root FWD  19         128.1     P2p
Fa0/2            Altn BLK  19         128.2     P2p
```

从上述配置信息可以看到,SwitchB 是 VLAN 1 生成树的非根交换机,Fa0/1 接口的角色为根接口(Root),Fa0/2 接口的角色为替换接口(Altn),fa0/1 的状态为转发状态(FWD)Fa0/2 的状态为阻塞状态(BLK),两个接口的开销(Cost)分别是 19,接口优先级(Prio)都是 128,链路类型(Type)都是点对点(P2p)。

(2)禁用 PVST 生成树协议。默认情况下,Cisco 交换机中所有 VLAN 中的扩展树都被启用，所以无需特意为 VLAN 启用 STP，而只需根据网络的拓扑结构来确定根交换机，以及调整接口的开销和优先级等。

如果在 VLAN 中不存在交换机环路，则可以仅用 STP 生成树，从而可以减少接口接入时的等待时间。具体配置如下。

```
SwitchA> enable
SwitchA# configure terminal
SwitchA(config)# no spanning-tree vlan 1    //禁用 VLAN 1 的生成树
```

如重新启用 VLAN 内的生成树可以执行以下操作。

```
SwitchA(config)# spanning-tree vlan 1       //启用 VLAN 1 生成树
```

（3）设置交换机的优先级。通过设置交换机的优先级，将 SwitchB 设置为 VLAN 1 生成树的根交换机，设置如下。

```
SwitchB(config)#spanning-tree vlan 1 priority 4096
```

4096 为设置的交换机优先级，要注意的是该优先级的值必须为 0 或 4096 的倍数。这样设置后，SwitchB 的 Bridge ID 就小于 SwitchA 的 Bridge ID，SwitchB 就成为根交换机。

（4）设置接口优先级。使用接口优先级可以决定哪个接口进入转发状态。所以，如果要让某个接口优先进入转发状态，则可以为其赋予较高的优先级值（较小的数值）。如果所有接口都具有相同的优先级，则接口号最小的接口将被设置为转发状态，而其他接口处于阻塞状态。接口优先级的设置过程如下。

```
SwitchB# configure terminal
SwitchB (config)# interface fa0/2           //进入要设置接口优先级的接口
Switch(config-if)# spanning-tree vlan 1 port-priority 16
```

//设置优先级值，priority 取值范围为 0～240，默认值为 128，数值越低，优先级越高，要注意的是该优先级的值必须是 0 或 16 的倍数。

（5）设置接口开销。接口开销的默认值取决于接口的类型及其速率。可以根据接口开销的大小来决定哪个接口置于转发状态。同样，如果接口的开销成本相同，则具有最小接口号的接口被设置为转发状态，其他接口则处于阻塞状态。接口开销的具体配置过程如下。

```
SwitchA(config)# interface fa0/1            //进入要配置接口开销的接口
SwitchA(config-if)# spanning-tree vlan 1 cost 20
                                            //cost 取值范围为 1～200 000 000
```

4. 调试验证

通过 show spanning-tree 命令来进行验证。

```
SwitchA#show spanning-tree
SwitchB#show spanning-tree
```

5. 要点分析

生成树能够在交换网络中解决环路的问题，即网络中出现环路时，生成树协议能够自动阻塞（Block）某一个接口，从而断开环路。而在主链路出现断路时，再自动开启该阻塞端口，使原阻塞链路恢复通信，起到备份作用。通过设置交换机的优先级可以指定哪个交换机为主交换机，设置接口开销、接口优先级等，还可以指定哪条链路主链路或备份链路。

11.3 RSTP 快速生成树配置案例

1. 案例应用场景分析

快速生成树协议 RSTP（IEEE802.1w）的推出主要是为了解决 STP（IEEE802.11d）协议的缺陷。相比于 STP，快速生成树 RSTP 在网络拓扑结构发生改变时，能够显著提高生成树计算机的速度。STP 标准设计的初衷是在网络发生中断的情况下，能够在 1min 之内恢复连接，显然收敛速度很慢。而快速生成树协议 RSTP 在 STP 协议基础上做了几项重要的改进，使得收敛速度得到了明显的改善。

（1）为根接口和指定接口设置了替换接口（Alternate Port）和备份接口（Backup Port）两种角色。当根接口或指定接口失效的情况下，替换接口和备份接口就会立即进入转发状态。

（2）在只连接了两个交换机接口的点对点链路中，指定接口只需要跟下联网桥进行一次握手就可以立即进入转发状态。如果是连接了三个以上网桥的共享链路，则下联网桥式不会响应上联指定接口发出的握手请求的，而只能等待二倍的转发延迟时间才能进入转发状态。

（3）直接与终端节点（如计算机）相连的接口定义为边缘接口（Edge Port）。该类接口可以直接进入转发状态，不需要任何延迟。但是，边缘接口需要手工设置才能生效。

2. 案例拓扑图

如图 11-8 所示，分别将三台 C2960 交换机（SwitchA、SwitchB 和 SwitchC）进行连接。其中，SwitchA 与 SwitchB 的 Fa0/1 口连接，SwitchA 与 SwitchC 的 Fa0/2 口连接，SwitchB 与 SwitchC 的 Fa0/3 口连接。

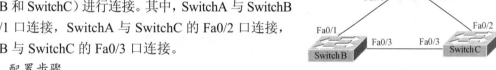

图 11-8　RSTP 快速生成树

3. 配置步骤

（1）设置 SwitchC 为根桥。

```
SwitchC#configure terminal
Enter configuration commands, one per line.  End with CNTL/Z.
SwitchC(config)#spanning-tree vlan 1 root primary   //设置 SwitchC 为主根交换机
```

（2）设置 RSTP 快速生成树协议。

```
SwitchA(config)# spanning-tree mode rapid-pvst
SwitchB(config)# spanning-tree mode rapid-pvst
SwitchC(config)# spanning-tree mode rapid-pvst
```

（3）配置链路类型。

```
SwitchA(config)#interface range fa0/1 - 2
SwitchA (config-if-range)#duplex full
SwitchA (config-if-range)#spanning-tree link-type point-to-point
SwitchB(config)#interface range fa0/1 , fa0/3
SwitchB (config-if-range)#duplex full
SwitchB (config-if-range)#spanning-tree link-type point-to-point
SwitchC(config)#interface range fa0/2 - 3
SwitchC (config-if-range)#duplex full
SwitchC(config-if-range)#spanning-tree link-type point-to-point
```

> **注意**
>
> 在 RSTP 中接口分为边界接口（Edge Port）、点到点（Point-to-Point）及共享接口（Share Port）。如果接口上配置了 Spanning-tree Portfast，则该接口为边界接口。如果接口是半双工模式，则该接口为共享接口。如果接口是全双工模式，则该接口为点到点接口。在接口上明确指明接口类型将有利于 RSTP 的运行。

4．调试验证

将环路上的某个处于转发状态的接口（如 SwitchB 的 fa0/3 接口）关闭（shutdown 命令），则会发现原来处于阻塞的接口马上进入了转发状态。此时再打开刚才手工关闭的接口（no shutdown），则该接口又会立即进入转发状态。这说明 RSTP 的收敛速度较 STP 有了很大的提高。

5．要点分析

STP 协议定了四种不同的接口状态，即监听、学习、阻断和转发。从操作上看，阻断和监听状态区别不大，都是丢弃帧而不学习 MAC 地址。在 RSTP 协议中，接口状态只有三种，即 Discarding（丢弃）、Learning（学习）和 Forwarding（转发）。

如果某个接口设置为 Portfast 模式，则该接口不再经过接口的几个状态变化过程，即可以直接进入转发状态，这样可以加快接口的启用时间。启用 Portfast 模式的命令为 switch(config-if)#spanning-tree Portfast。

11.4 MSTP 多生成树配置案例

1．案例应用场景分析

MSTP 具有 RSTP 在特定条件下快收敛的优点，它提出了通过域来划分生成树的拓扑管理范围，从而极大地扩展了使用生成树协议管理拓扑的二层网络的规模；提供了 VLAN 级的负载均衡和备份的支持，避免了带宽的浪费，提供了一定程度上的服务质量的保证。

MSTP 可以为大型复杂二层虚拟局域网提供数据环路抑制；提供冗余链路备份，在链路的故障和恢复时快速恢复通信；实现 VLAN 级负载分担，使不同 VLAN 的数据按照不同的生成树拓扑进行数据转发。

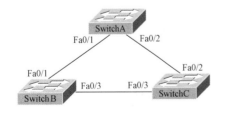

图 11-9　MSTP 多生成树配置

2．案例拓扑图

如图 11-9 所示，分别将三台 C2960 交换机（SwitchA、SwitchB 和 SwitchC）进行连接。其中，SwitchA 与 SwitchB 的 Fa0/1 口连接，SwitchA 与 SwitchC 的 Fa0/2 口连接，SwitchB 与 SwitchC 的 Fa0/3 口连接。

3．配置步骤

（1）设置 Trunk 链路。

```
SwitchA(config)#interface range fa 0/1 - 2
SwitchA(config-if-range)#switchport mode trunk
SwitchB(config)#interface range fa 0/1,fa0/3
SwitchB(config-if-range)#switchport mode trunk
```

```
SwitchC(config)#interface range fa0/2-3
SwitchC(config-if-range)#switchport mode trunk
```

(2) 利用 VTP 创建 VLAN。

```
SwitchA(config)#vtp domain MSTP
Changing VTP domain name from NULL to MSTP
SwitchA(config)#vtp mode server
SwitchA#vlan database
% Warning: It is recommended to configure VLAN from config mode, as VLAN
database mode is being deprecated. Please consult user
    documentation for configuring VTP/VLAN in config mode.
SwitchA (vlan)#vlan 2
VLAN 2 added:
    Name: VLAN0002
SwitchA (vlan)#vlan 3
VLAN 3 added:
    Name: VLAN0003
SwitchA (vlan)#vlan 4
VLAN 4 added:
    Name: VLAN0004
Switch(vlan)#exit
APPLY completed.
Exiting....
SwitchB(config)#vtp domain MSTP
Domain name already set to MST.
SwitchB(config)#vtp mode client
SwitchC(config)#vtp domain MSTP
Domain name already set to MST.
SwitchC(config)#vtp mode client
```

(3) 配置 SwitchA 和 SwitchB 交换机为 MST。

```
SwitchA (config)#spanning-tree mode mst        //把生成树的模式改为 MST，默认是 PVST
SwitchA (config)#spanning-tree mst configuration   //进入 MST 的配置模式
SwitchA (config-mst)#name MST                  //命名为 MST
SwitchA (config-mst)#revision 1
    //配置 MST 的 revision 号，只有名字和 revision 号相同的交换机才是同一个 MST 区域
SwitchA (config-mst)#interface 1 vlan 1-2   //把 VLAN 1、VLAN 2 的生成树映射到实
                                                                例 1
SwitchA (config-mst)#interface 2 vlan 3-4
    //以上是把 VLAN 3、VLAN 4 的生成树映射到实例 2，此外系统有一个默认的 MST 实例 0
SwitchA (config-mst)#exit                      //要退出，配置才能生效
SwitchA (config)#spanning-tree mst 1 priority 8192
    //配置 SwitchA 为 MST 实例 1 的根桥
SwitchA (config)#spanning-tree mst 2 priority 12288
SwitchB (config)#spanning-tree mode mst
SwitchB (config)#spanning-tree mst configuration
SwitchB (config-mst)#name TEST-MST
SwitchB (config-mst)#revision 1
SwitchB (config-mst)#interface 1 vlan 1-2
SwitchB (config-mst)#interface 3 vlan 3-4
SwitchB (config-mst)#exit
```

```
SwitchB (config)#spanning-tree mst 1 priority 12288
SwitchB (config)#spanning-tree mst 2 priority 8192
                             //配置 SwitchB 为 MST 实例 2 的根桥
```

4. 调试验证

```
SwitchA#show spanning-tree
MST00                          //系统要使用的实例 0,通过它来发送 BPDU
 Spanning tree enabled protocol mstp
  Root ID    Priority     32768
             Address      0009.b7a4.b181
             Cost         200000
             Port         15(FastEthernet0/13)
             Hello Time   2 sec   Max Age 20 sec   Forward Delay 15 sec
  Bridge ID  Priority     32768(priority 32768 sys-id-ext 0)
             Address      0018.ba11.f500
             Hello Time   2 sec   Max Age 20 sec   Forward Delay 15 sec
Interface       Role Sts Cost     Prio.Nbr Type
--------------------------------------------------
Fa0/1           Root BLK 19 200000      128.1    P2P
Fa0/2           Altn FWD 19 200000      128.2    P2P Bound(PVST)


MST01                          //MST 实例 1
 Spanning tree enabled protocol mstp
  Root ID    Priority     8193
             Address      0018.ba11.f500
             This bridge is the root
             Hello Time   2 sec   Max Age 20 sec   Forward Delay 15 sec
  Bridge ID  Priority     8193(priority 8192 sys-id-ext 1)
             Address      0018.ba11.f500
             Hello Time   2 sec   Max Age 20 sec   Forward Delay 15 sec
Interface       Role Sts Cost     Prio.Nbr Type
--------------------------------------------------
Fa0/1           Desg FWD 200000         128.1    P2P
Fa0/2           Boun BLK 200000         128.2    P2P Bound(PVST)


MST02                          //MST 实例 2
 Spanning tree enabled protocol mstp
  Root ID    Priority     8194
             Address      0018.ba11.eb80
             Cost         200000
             Port         15(FastEthernet0/13)
             Hello Time   2 sec   Max Age 20 sec   Forward Delay 15 sec
  Bridge ID  Priority     122290(priority 12288 sys-id-ext 2)
             Address      0018.ba11.f500
             Hello Time   2 sec   Max Age 20 sec   Forward Delay 15 sec
Interface       Role Sts Cost     Prio.Nbr Type
--------------------------------------------------
Fa0/1           Root FWD 200000         128.1    P2P
Fa0/2           Boun BLK 200000         128.2    P2P Bound(PVST)
```

5. 要点分析

在 MSTP 协议配置时可以通过配置多个不同的实例。不同的 VLAN 可以映射到不同的实例来进行数据转发，从而实现负载均衡，提高链路的利用率，也提高了网络的性能，在实际公司的双核心的网络中也经常采用这种技术。

11.5 Etherchannel 以太网通道配置

1. 案例应用场景分析

在交换网络中，如果要提升两个交换机之间的主干链路的带宽，但又不增加硬件条件，则可以通过将多条物理通道捆绑着一条逻辑通道的方法来提升，而且这不仅可以提升带宽，还可以实现链路的冗余以及负载均衡。这种即使就是以太网通道技术（Etherchannel）。

2. 案例拓扑图

如图 11-10 所示，将两台 C3560 交换机的 G0/1 和 G0/2 接口分别连接，并将其捆绑到一条以太网通道 Portchannel 1。

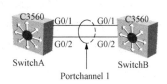

图 11-10 Etherchannel 以太网通道配置

3. 配置步骤

（1）在 SwitchA 上创建 Etherchannel 以太网通道组。

```
Switch>enable
Switch#configure terminal
Enter configuration commands, one per line.  End with CNTL/Z.
Switch(config)#hostname SwitchA
SwitchA(config)#interface port-channel 1    //建立以太网通道组 1
SwitchA(config-if)#exit
SwitchA(config)#interface range gigabitEthernet 0/1 - 2
SwitchA(config-if-range)#channel-group 1 mode on
//将 G0/1 和 G0/2 接口绑定到以太网通道组 1
SwitchA(config-if-range)#exit
SwitchA(config)#interface port-channel 1
SwitchA(config-if)#switchport trunk encapsulation dot1q
//给以太网通道封装 dot1q 协议
SwitchA(config-if)# switchport mode trunk
SwitchA(config-if)#
```

（2）在 SwitchB 上创建 Etherchannel 以太网通道组。

```
Switch>enable
Switch#configure terminal
Enter configuration commands, one per line.  End with CNTL/Z.
Switch(config)#hostname SwitchB
SwitchB(config)#interface port-channel 1
SwitchB(config-if)#exit
SwitchB(config)#interface range gigabitEthernet 0/1 - 2
SwitchB(config-if-range)#channel-group 1 mode on
SwitchB(config-if-range)#exit
SwitchB(config)#interface port-channel 1
SwitchB(config-if)#switchport trunk encapsulation dot1q
```

```
SwitchB(config-if)#switchport mode trunk
SwitchB(config-if)#
```

(3) 设置负载均衡。

```
SwitchA(config)#port-channel load-balance dst-ip   //根据目的 IP 地址进行负载均衡
SwitchB(config)#port-channel load-balance dst-ip
```

负载平衡的方式有以下几种。

1) dst-ip　　　　　　Dst IP Addr，根据目的 IP 地址。
2) dst-mac　　　　　 Dst Mac Addr，根据目的 MAC 地址。
3) src-dst-ip　　　　 Src XOR Dst IP Addr，根据源或目的 IP 地址。
4) src-dst-mac　　　　Src XOR Dst Mac Addr 根据目源或目的 MAC 地址。
5) src-ip　　　　　　 Src IP Addr，根据源 IP 地址。
6) src-mac　　　　　　Src Mac Addr，根据源 MAC 地址。

(4) 配置 PAGP 或者 LAGP。

1) 将接口配置为 PAGP 的 desirable 模式。

```
SwitchA(config-if-range)#channel-group 1 mode desirable
SwitchB(config-if-range)#channel-group 1 mode desirable
```

2) 将接口配置为 PAGP 的 auto 模式。

```
SwitchA(config-if-range)#channel-group 1 mode auto
SwitchB(config-if-range)#channel-group 1 mode auto
```

3) 将接口配置为 LACP 的 active 模式。

```
SwitchA(config-if-range)#channel-group 1 mode active
SwitchB(config-if-range)#channel-group 1 mode active
```

4) 将接口配置为 LACP 的 passive 模式。

```
SwitchA(config-if-range)#channel-group 1 mode passive
SwitchB(config-if-range)# channel-group 1 mode passive
```

4. 调试验证

(1) 查看以太网通道的汇总信息。

```
SwitchA#show etherchannel summary
Flags:  D - down         P - in port-channel
        I - stand-alone  s - suspended
        H - Hot-standby (LACP only)
        R - Layer3       S - Layer2
        U - in use       f - failed to allocate aggregator
        u - unsuitable for bundling
        w - waiting to be aggregated
        d - default port
Number of channel-groups in use:   1
Number of aggregators:             1
Group  Port-channel  Protocol    Ports
------+-------------+-----------+-----------------------------------------
1      Po1(SU)          -         Gig0/1(P) Gig0/2(P)
```

> **注意**
>
> 从上述配置可以看到 Etherchannel 以太网通道已经建立成功，其中"SU"表示 Etherchannel 以太网通道工作正常；如果显示为"SD"，则表示把 Ethernetchannel 接口关掉重新开启。

（2）查看 port-channel 的信息。

```
SwitchA#show etherchannel port-channel
            Channel-group listing:
            ----------------------

Group: 1
----------
            Port-channels in the group:
            ---------------------------

Port-channel: Po1
------------
Age of the Port-channel   = 00d:00h:36m:19s
Logical slot/port    = 2/1      Number of ports = 2
GC                        = 0x00000000       HotStandBy port = null
Port state                = Port-channel
Protocol                  = PAGP
Port Security             = Disabled
Ports in the Port-channel:

Index   Load   Port      EC state        No of bits
------+------+------+------------------+------------------------------
  0     00    Gig0/1    On              0
  0     00    Gig0/2    On              0
Time since last port bundled:    00d:00h:30m:24s   Gig0/2
```

5. 要点分析

在建立 Etherchannel 时，绑定的接口必须属于同一个 VLAN。如果是 Trunk，则绑定接口必须属于 Trunk 模式，并具有相同的 native-vlan ID。此外，每个接口都必须有相同的速率和双工模式，生成树设置也必须一致。

习 题

理论基础知识：

1. 什么是冗余链路？它的作用是什么？
2. 简述生成树的基本工作原理。
3. 比较 IEEE802.1d 与 IEEE802.11w 这两种生成树协议的不同。
4. 什么 MSTP？一般应用在什么样的场合？
5. 什么是以太网通道？它有何作用？
6. 基本 STP 生成树接口状态变化的周期是多少？经历哪些状态？

实践操作：

如图 11-11 所示，公司局域网中，两个核心交换机 SwitchA、SwitchB 的 Gi0/1 和 Gi0/2 接口分别互联建立二层以太网通道，SwitchA 与接入层交换机 SwitchC 通过 Fa0/1 接口连接，SwitchB 的 fa0/1 接口与 SwitchC 的 fa0/2 接口进行连接。公司内网有四个 VLAN，VLAN 10 和 20 的生成树根桥在核心交换机 SwitchA 上，VLAN 30 和 40 的 VLAN 根桥在核心交换机 SwitchB 上。要求启用 MSTP 多生成树，创建不同的实例，VLAN 10 和 20 使用实例 1，VLAN 30 和 40 使用实例 2，实例 1 的优先级设为 4096，实例 2 使用默认优先级 32768。

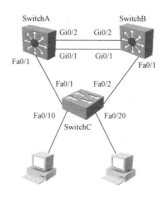

图 11-11　冗余链路实践操作

任务 12　网络规划设计案例

在当今信息化社会中，无论是政府、企业，还是学校都非常重视内部网络的建设，因为它不仅可以增加相互沟通的手段并提高办公效率，更可以为企业带来更高的知名度和生产效益。所以，如何更好地建设其内部网络，发挥其重要作用并保证其安全地运行，是我们研究和讨论的主要问题。

12.1　×××企业网络设计方案

1. 案例应用场景分析

×××企业拥有 300 多台计算机，这些计算机都分属于多个不同的部门。同时，该企业下设一个总公司和两个分公司，且处于不同的省市。为了提高办事效率，增强企业对外的沟通，并且总部和分部之间要实现业务之间的交流，现要求设计建立一个可扩展的、高速的、低成本、基于标准的企业网络。该网络能够支持基本数据的应用程序通信。为了适应系统变化的要求，必须充分考虑以最简便的方法、最低的投资，实现系统的扩展和维护，采用可网管网络设备，降低人力资源的费用，提高网络的易用性。公司的网络规划图如图 12-1 所示。

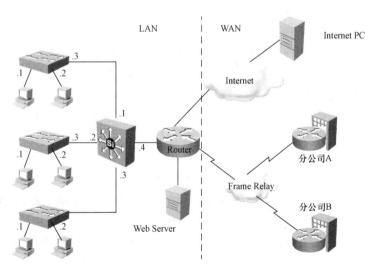

图 12-1　×××企业网络规划拓扑图

方案具体建设要求如下。

（1）LAN 部分设置要求。

1）在核心交换机配置 VTP 域，域名为 company，并创建 VLAN 2、VLAN 3 和 VLAN 99。其中 VLAN 2、3 用来规划总部的两个部门网段，VLAN 99 用做与边界路由器的连接。

2）在接入层交换机上，要求能够自己学习核心交换机上创建、修改和删除的 VLAN 信息。

3）配置交换机之间的 TRUNK 链路，保证能够进行跨交换机之间的 VLAN 通信，同时为了提高核心交换机与边界路由器之间的通信效率，设置 VLAN 99 为 Native VLAN。此外，只允许 VLAN 1、VLAN 2、VLAN 3 的流量通过所有 TRUNK 接口。

4）配置交换机的生成树协议，手工选举核心交换机 Switch 为 STP 根桥；对于连接到 PC 的接口应立即转发状态而避免 STP 计算需要经历的"监听"和"学习时间"。

5）在核心交换机 Switch 上配置 VLAN 1、VLAN 2 和 VLAN 3 相对应的 SVI 接口，地址分别为 10.10.1.254/24、10.10.2.254/24、10.10.3.254/24。同时开启 VLAN 之间的路由。

6）配置核心交换机 Switch，为 VLAN 2 和 VLAN 3 中的计算机提供 DHCP 服务。

地址池：VLAN2

地址范围：10.10.2.0 255.255.255.0

网关：10.10.2.254

DNS 服务器：10.10.4.1

排除地址：10.10.2.254，10.10.2.100（PCx3 机器的固定 IP 地址）

地址池：VLAN3

地址范围：10.10.3.0 255.255.255.0

网关：10.10.3.254

DNS 服务器：10.10.4.1

排除地址：10.10.3.254

测试：VLAN 2 和 VLAN 3 中的主机执行 ipconfig/all 是否分配到 IP；是否可以访问 VLAN4 的服务器（10.10.4.1/24）。

7）交换机 SwitchB 的 F0/1 接口连接的 PC 机位于对外业务部，由于环境开放所以要提供安全保障，配置该接口只允许连接本 PC 的（如它的 MAC 地址为 0001.C96E.6B51），保证没有其他 PC 可使用这个接口。

8）配置 SwitchA、SwitchB、SwitchC 的管理地址分别为 10.10.1.1/24、10.10.1.2/24、10.10.1.3/24，并配置其默认网关地址，保证其能访问 Internet 等外部网络。

（2）WAN 部分设置要求。

1）在边界路由器 Router 的 S0/3/0 接口创建点对点子接口.1（IP：10.10.12.1/24）和.2（IP：10.10.13.1/24），分别连接到分公司 A 和 B 的边界路由器 RouterA、RouterB。Router 到 RouterB 的 DLCI 为 102，Router 到 RouterA 的 DLCI 为 103；RouterB 到 Router 的 DLCI 为 201，接口的 IP 地址为 10.10.12.2/24；RouterA 到 Router 的 DLCI 为 301，接口的 IP 地址为 10.10.13.2/24。

2）在 Router、RouterA、RouterB 和 Switch 设备上分别开启 EIGRP 路由协议，AS 号为 1。

在边界路由器 Router 上配置 NAT，保证 VLAN 2 和 VLAN 3 中的用户能访问 Internet。ISP 提供的信息如下：固定公网 IP 为 100.100.2.1/22，ISP 提供的网关为 100.100.2.2/24。要求配置 NAPT 让内部用户访问 Internet。

（3）网络安全部分设置要求。

1）为了保证设备的安全，所有设备都需配置特权密码（密码为"cisco"），并设置 VTY 密码（密码为"passwd"）。同时要求在 VTY 链路下只允许"PCx3"（IP：10.10.2.10）能够远程 Telnet 网络设备。

2）限制 VLAN 2 和 VLAN 3 之间互相访问，但不能影响正常访问 Internet，并且都可以访问 Web 服务器 www.company.com。

3）总公司的 OA 服务器（IP：10.10.4.1/24）连接在 Router 的 Fa0/0 接口，OA 系统是基于 Web 页面的。需要配置扩展访问列表，所有主机只允许访问服务器的 80 端口。

4）在 Router 上 防止外网对内网执行 PING 扫描。

2. 案例拓扑图

如图 12-2 所示，WS-C-3560 三层交换机 Switch 作为核心交换机的 1、2、3 号接口分别连接了 WS-C-2960 二层交换机 SwitchA、SwitchB、SwitchC，4 号接口连接到 C2811 边界路由器 Router，交换机 SwitchA、SwitchB、SwitchC 上的 1、2 号接口分别连接有两台 PC，其中 PCx1、PCx2、PCx3 划分到 VLAN 2，PCy1、PCy2、PCy3 划分到 VLAN 3。边界路由器连接了企业的 Web 服务器，域名为 www.company.com，同时还连接到 Internet，且通过 Frame Relay 网络连接到两个分公司 A 和 B 的 C2811 边界路由器 RouterA 和 RouterB，帧中继交换机 Frame Relay 上添加三个串口模块，如图 12-3 所示，用来连接这三个边界路由器。

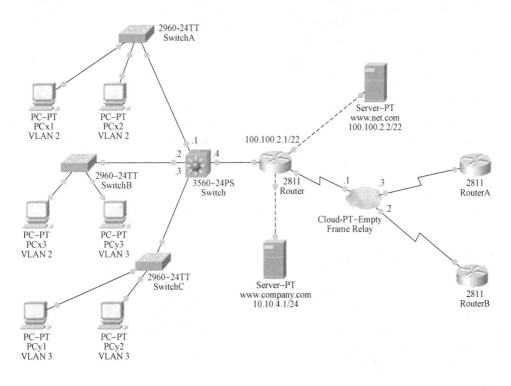

图 12-2　企业网络拓扑图

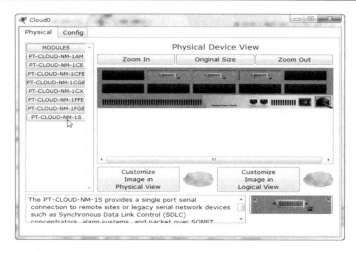

图 12-3 为帧中继交换机添加串口模块

企业网络地址分配表如表 12-1 所示。

表 12-1 企业网络地址分配表

部门（设备）	地 址	部门（设备）	地 址
VLAN 1	10.10.1.0/24	VLAN 2	10.10.2.0/24
VLAN 3	10.10.3.0/24	VLAN 99	10.10.99.0/24
PCx1	DHCP 分配	PCx2	DHCP 分配
PCx3	10.10.2.100/24	PCy3	DHCP 分配
PCy1	DHCP 分配	PCy2	DHCP 分配
LAN Web Server（www.company.com）	10.10.4.1/24	WAN Web Server（www.net.com）	100.100.2.2/22
Router Fa0/0	10.10.4.254/24	Router Fa0/1	100.100.2.1/22
Router Fa1/0	10.10.99.1/24	RouterB S0/0/0	10.10.12.2/24
Router S0/3/0.1	10.10.12.1/24	Router S0/3/0.2	10.10.13.1/24
RouterA S0/0/0	10.10.13.2/24		

3．配置步骤

（1）配置核心交换机的 VTP。

```
switch>enable
switch#configure terminal
Switch (config)#vtp domain COMPANY
Switch (config)#vtp mode server      //这里面可以配置密码、版本号、修剪模式等
Switch(config)#vlan 2
Switch(config-vlan)#exit
Switch(config)#vlan 3
Switch(config-vlan)#exit
Switch (config)#vlan 99
Switch (config-vlan)#exit
```

（2）配置接入层交换机的 VTP。

```
SwitchA:
switch>enable
switch#configure terminal
switch(config)#hostname SwitchA
SwitchA (config)#vtp domain COMPANY
SwitchA (config)#vtp mode client
SwitchB:
switch>enable
switch#configure terminal
switch(config)#hostname SwitchB
SwitchB (config)#vtp domain COMPANY
SwitchB (config)#vtp mode client
SwitchC:
switch>enable
switch#configure terminal
switch(config)#hostname SwitchC
SwitchC (config)#vtp domain COMPANY
SwitchC (config)#vtp mode client
```

(3) 配置 TRUNK 链路。

1) 核心交换机 Switch 配置。

```
switch (config)#interface range fa0/1-3
switch (config-if-range)#switchport trunk encapsulation dot1q
//此命令一般只有 3 系列交换机才支持
switch (config-if-range)#switchport mode trunk
switch (config-if)#switchport trunk allowed vlan 1-3
switch (config-if-range)#switchport trunk native vlan 99
switch (config-if-range)#exit
SwitchA (config)#interface fa0/4
SwitchA (config-if)#switchport mode access
SwitchA (config-if)#switchport access vlan 99
//将 Fa0/4 加入 VLAN99,用于连接 Router
SwitchA (config-if)#exit
```

2) 接入层交换机 SwitchA、SwitchB、SwitchC 配置。

```
SwitchA 配置:
SwitchA(config)#interface fa0/3
SwitchA (config-if)#switchport mode trunk
SwitchA (config-if)#switchport trunk allowed vlan 1-3
SwitchA (config-if-range)#switchport trunk native vlan 99
SwitchA (config-if)#exit
SwitchA (config)#interface range fa0/1-2
SwitchA (config-if-range)#switchport mode access
SwitchA (config-if-range)#switchport access vlan 2
SwitchA (config-if-range)#exit
SwitchB 配置:
SwitchB(config)#interface fa0/3
SwitchB (config-if)#switchport mode trunk
SwitchB (config-if)#switchport trunk allowed vlan 1-3
SwitchB (config-if-range)#switchport trunk native vlan 99
```

```
SwitchB (config-if)#exit
SwitchB (config)#interface fa0/1
SwitchB (config-if)#switchport mode access
SwitchB (config-if)#switchport access vlan 2
SwitchB (config-if)#exit
SwitchB (config)#interface fa0/2
SwitchB (config-if)#switchport mode access
SwitchB (config-if)#switchport access vlan 3
SwitchB (config-if)#exit
SwitchC 配置：
SwitchC(config)#interface fa0/3
SwitchC (config-if)#switchport mode trunk
SwitchC (config-if)#switchport trunk allowed vlan 1-3
SwitchC (config-if-range)#switchport trunk native vlan 99
SwitchC (config-if)#exit
SwitchC (config)#interface range fa0/1-2
SwitchC (config-if)#switchport mode access
SwitchC (config-if)#switchport access vlan 3
SwitchC (config-if)#exit
```

3）在 SwitchA、SwitchB 和 SwitchC 上测试 VTP 协议是否起作用，例如：

```
SwitchB#show vlan
VLAN Name                             Status    Ports
---- -------------------------------- --------- -------------------------------
1    default                          active    Fa0/4, Fa0/5, Fa0/6, Fa0/7,
                                                Fa0/8, Fa0/9, Fa0/10, Fa0/11
                                                Fa0/12, Fa0/13, Fa0/14, Fa0/15
                                                Fa0/16, Fa0/17, Fa0/18, Fa0/19
                                                Fa0/20, Fa0/21, Fa0/22, Fa0/23
                                                Fa0/24, Gig1/1, Gig1/2
2    VLAN0002                         active    Fa0/1
3    VLAN0003                         active    Fa0/2
99   VLAN0099                         active
1002 fddi-default                     act/unsup
1003 token-ring-default               act/unsup
1004 fddinet-default                  act/unsup
1005 trnet-default                    act/unsup

VLAN Type  SAID       MTU   Parent RingNo BridgeNo Stp  BrdgMode Trans1 rans2
---- ----- ---------- ----- ------ ------ -------- ---- -------- ------ ------
1    enet  100001     1500    -      -       -      -      -        0      0
2    enet  100002     1500    -      -       -      -      -        0      0
3    enet  100003     1500    -      -       -      -      -        0      0
4    enet  100004     1500    -      -       -      -      -        0      0
99   enet  100099     1500    -      -       -      -      -        0      0
1002 fddi  101002     1500    -      -       -      -      -        0      0
1003 tr    101003     1500    -      -       -      -      -        0      0
1004 fdnet 101004     1500    -      -       -    ieee    -        0      0
1005 trnet 101005     1500    -      -       -    ibm     -        0      0
```

（4）配置生成树协议并进行优化。

```
Switch(config)#spanning-tree vlan 1-3 root primary    //配置 Switch 为根交换机
SwitchA(config)#interface range fa0/1-2
SwitchA (config-if-range)#spanning-tree portfast
//连接 PC 的接口 Fa0/1 和 Fa0/2 设置立即转发
SwitchA (config-if-range)#exit
SwitchB(config)#interface range fa0/1-2
SwitchB (config-if-range)#spanning-tree portfast
SwitchB (config-if-range)#exit
SwitchC(config)#interface range fa0/1-2
SwitchC (config-if-range)#spanning-tree portfast
SwitchC (config-if-range)#exit
```

（5）配置 Switch 上 VLAN1-4 及 VLAN 99 的 SVI 地址。

```
Switch (config)#interface vlan 1
Switch (config-if)#no shutdown
Switch (config-if)#ip address 10.10.1.254 255.255.255.0
Switch (config-if)#exit
Switch (config)#interface vlan 2
Switch (config-if)#no shutdown
Switch (config-if)#ip address 10.10.2.254 255.255.255.0
Switch (config-if)#exit
Switch (config)#interface vlan 3
Switch (config-if)#no shutdown
Switch (config-if)#ip address 10.10.3.254 255.255.255.0
Switch (config-if)#exit
Switch (config)#interface vlan 99
Switch (config-if)#no shutdown
Switch (config-if)#ip address 10.10.99.254 255.255.255.0
Switch (config-if)#exit
Switch (config)#ip routing                           //启用三层交换机的路由功能
```

（6）配置核心交换机 Switch 的 DHCP 服务。

1）配置 DHCP 服务。

```
Switch (config)#ip dhcp excluded-address 10.10.2.100 10.10.2.100
Switch (config)#ip dhcp excluded-address 10.10.2.254 10.10.2.254
Switch (config)#ip dhcp pool VLAN2
Switch (dhcp-config)#network 10.10.2.0 255.255.255.0
Switch (dhcp-config)#default-router 10.10.2.254
Switch (dhcp-config)#dns-server 10.10.4.1
Switch (dhcp-config)#exit
Switch (config)#ip dhcp excluded-address 10.10.3.254 10.10.3.254
Switch (config)#ip dhcp pool VLAN3
Switch (dhcp-config)#network 10.10.3.0 255.255.255.0
Switch (dhcp-config)#default-router 10.10.3.254
Switch (dhcp-config)#dns-server 10.10.4.1
Switch (dhcp-config)#exit
```

2）在 VLAN 2 和 VLAN 3 中的 PC 上进行测试。设置 PCx1 和 PCx2 的 DHCP 获取 IP 地址，如图 12-4 所示，在 PCx1 上进行设置和测试。

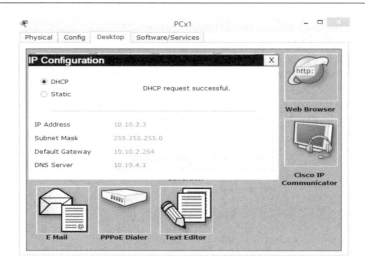

图 12-4 设置 PC 的 DHCP

打开命令提示符界面，运行"ipconfig"命令进行查看，同时测试其网关的连通性：

```
PC>ipconfig
IP Address......................: 10.10.2.3
Subnet Mask.....................: 255.255.255.0
Default Gateway.................: 10.10.2.254
```

如果看到上述信息，则地址已经获取成功。

```
PC>ping 10.10.2.254
Pinging 10.10.2.254 with 32 bytes of data:
Reply from 10.10.2.254: bytes=32 time=15ms TTL=255
Reply from 10.10.2.254: bytes=32 time=7ms TTL=255
Reply from 10.10.2.254: bytes=32 time=11ms TTL=255
Reply from 10.10.2.254: bytes=32 time=8ms TTL=255
Ping statistics for 10.10.2.254:
    Packets: Sent = 4, Received = 4, Lost = 0 (0% loss),
Approximate round trip times in milli-seconds:
    Minimum = 7ms, Maximum = 15ms, Average = 10ms
```

如果看到上述信息，则说明网关能够连通，配置正确。

（7）设置 SwitchB 交换机的 Fa0/1 接口的端口安全功能。

```
SwitchB (config)#interface fa0/1
SwitchB (config-if)#switchport port-security
SwitchB (config-if)#switchport port-security maximum 1
SwitchB (config-if)#switchport port-security mac-address 0001.C96E.6B51
SwitchB (config-if)#exit
```

（8）配置 SwitchA、B、C 交换机的管理地址及默认网关。

```
SwitchA(config)#int vlan 1
SwitchA(config-if)#no sh
SwitchA(config-if)#ip add 10.10.1.1 255.255.255.0
SwitchA(config-if)#exit
SwitchA(config)# ip default-gateway 10.10.99.254
SwitchB(config)#int vlan 1
```

```
SwitchB(config-if)#no sh
SwitchB(config-if)#ip add 10.10.1.2 255.255.255.0
SwitchB(config-if)#exit
SwitchB(config)# ip default-gateway 10.10.99.254
SwitchC(config)#int vlan 1
SwitchC(config-if)#no sh
SwitchC(config-if)#ip add 10.10.1.3 255.255.255.0
SwitchC(config-if)#exit
SwitchC(config)# ip default-gateway 10.10.99.254
```

(9) 帧中继网络设置。

1) 设置帧中继交换机的三个串行接口 Serial 1、Serial2 和 Serial3 设置 DLCI 值，分别如图 12-5～图 12-7 所示。设置完 DLCI 值后为其建立虚电路映射关系，即 102-201，103-301，如图 12-8 所示。

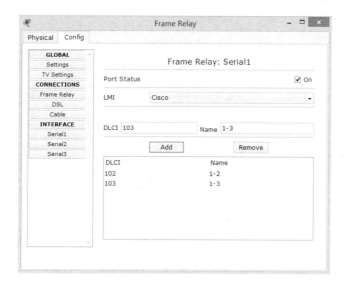

图 12-5　设置 Serial1 的 DLCI 值

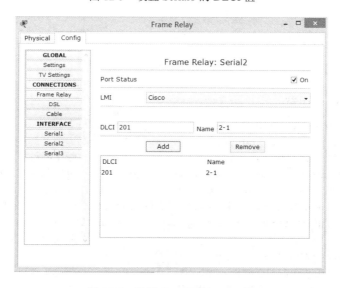

图 12-6　设置 Serial2 的 DLCI 值

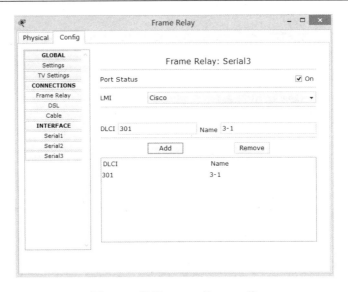

图 12-7 设置 Serial3 的 DLCI 值

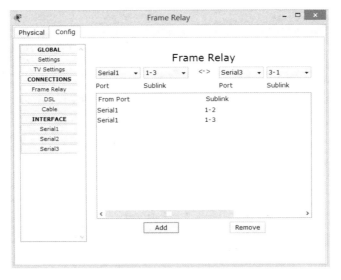

图 12-8 建立虚电路映射关系

2）设置 Router 路由器。

```
Router(config)#int s0/3/0
Router (config-if)#no shut
Router (config-if)#encapsulation frame-relay    //帧中继封装
Router (config-if)#frame-relay lmi-type cisco   //帧中继类型为 cisco
Router (config)#int s0/3/0.1 point-to-point    //配置子端口，并设置为点对点模式
Router (config-subif)#ip add 10.10.12.1 255.255.255.0  //分配子端口 IP 地址
Router (config-subif)#frame-relay interface-dlci 102
                                                //指定点对点对应的 DLCI 值
Router (config-subif)#exit
Router (config)#int s0/3/0.2 point-to-point    //配置子端口，并设置为点对点模式
Router (config-subif)#ip add 10.10.13.1 255.255.255.0  //分配子端口 IP 地址
```

```
Router (config-subif)#frame-relay interface-dlci 103  //指定点对点对应的DLCI值
Router (config-subif)#exit
Router (config-if)#exit
```

3）设置 RouterB 路由器。

```
RouterB (config)#interface Serial0/3/0 point-to-point
RouterB (config-if)#no sh
RouterB (config-if)#ip address 10.10.12.2 255.255.255.0
RouterB (config-if)#encapsulation frame-relay
RouterB (config-if)# frame-relay lmi-type cisco
RouterB (config-if)# frame-relay interface-dlci 201
RouterB (config-if)#frame-relay map ip 10.10.12.1 201 broadcast
RouterB (config-if)#exit
```

4）设置 RouterA 路由器。

```
RouterA(config)#interface Serial0/3/0 point-to-point
RouterA (config-if)#no sh
RouterA (config-if)#ip address 10.10.13.2 255.255.255.0
RouterA (config-if)#encapsulation frame-relay
RouterA (config-if)# frame-relay lmi-type cisco
RouterA (config-if)# frame-relay interface-dlci 301
RouterA (config-if)#exit
```

5）分别测试 Router 与 RouterA 和 RouterB 之间链路的连通性。

```
Router#ping 10.10.12.2
Type escape sequence to abort.
Sending 5, 100-byte ICMP Echos to 10.10.12.2, timeout is 2 seconds:
!!!!!
Success rate is 100 percent (5/5), round-trip min/avg/max = 4/7/11 ms
Router#ping 10.10.13.2
Type escape sequence to abort.
Sending 5, 100-byte ICMP Echos to 10.10.13.2, timeout is 2 seconds:
!!!!!
Success rate is 100 percent (5/5), round-trip min/avg/max = 4/7/11 ms
```

如果上述链路测试通过，则说明配置基本正确。

（10）设置 Router 与 Switch、Internet、LAN Web Server 之间的链路。

```
Router(config)#int fa 1/0                //与Switch连接的接口
Router(config-if)#ip add 10.10.99.1 255.255.255.0
Router(config-if)#no sh
Router(config)#int fa 1/0                //与Switch连接的接口
Router(config-if)#ip add 10.10.99.1 255.255.255.0
Router(config-if)#no sh
Router(config-if)#exit
Router(config)#int fa 0/0                //与LAN Web Server连接的接口
Router(config-if)#ip add 10.10.4.254 255.255.255.0
Router(config-if)#no sh
Router(config-if)#exit
Router(config)#int fa 0/1                //与Internet连接的接口
Router(config-if)#ip add 100.100.2.1 255.255.252.0
```

```
Router(config-if)#no sh
Router(config-if)#exit
```

(11) 在交换机和路由器上启用 EIGRP 路由协议。

1) 配置 Router 的 EIGRP 路由协议。

```
Router (config)#router eigrp 1
Router (config-router)#network 10.10.99.0 0.0.0.255
Router (config-router)#network 10.10.12.1 0.0.0.0
Router (config-router)#network 10.10.13.1 0.0.0.0
Router (config-router)#network 10.10.4.0 0.0.0.255
Router (config-router)#network 100.100.2.1 0.0.0.0   //将网关地址加入 EIGRP 路由
Router (config-router)#no auto-summary
Router (config-router)#exit
```

2) 配置 RouterB 的 EIGRP 路由协议。

```
RouterB(config)#int lo 0
RouterB(config-if)#ip add 172.16.20.1 255.255.255.0
RouterB(config-if)#no sh
RouterB(config-if)#exit
RouterB(config)#router eigrp 1
RouterB (config-router)#network 10.10.12.2 0.0.0.0
RouterB (config-router)#network 172.16.20.0 0.0.0.255
RouterB (config-router)#no auto-summary
RouterB (config-router)#exit
```

3) 配置 RouterA 的 EIGRP 路由协议。

```
RouterA(config)#int lo 0
RouterA(config-if)#ip add 172.16.10.1 255.255.255.0
RouterA(config-if)#no sh
RouterA(config-if)#exit
RouterA(config)#router eigrp 1
RouterA (config-router)#network 10.10.13.2 0.0.0.0
RouterA (config-router)#network 172.16.10.0 0.0.0.255
RouterA (config-router)#no auto-summary
RouterA (config-router)#exit
```

4) 配置 Switch 的 EIGRP 路由协议。

```
Switch (config)#router eigrp 1
Switch (config-router)#network 10.10.99.0 0.0.0.255
Switch (config-router)#network 10.10.3.0 0.0.0.255
Switch (config-router)#network 10.10.2.0 0.0.0.255
Switch (config-router)#network 10.10.1.0 0.0.0.255
Switch (config-router)#no auto-summary
Switch (config-router)#exit
```

5) 检查各设备的路由表。

```
Switch#show ip route                              //核心交换机 Switch 的路由表
Codes: C - connected, S - static, I - IGRP, R - RIP, M - mobile, B - BGP
       D - EIGRP, EX - EIGRP external, O - OSPF, IA - OSPF inter area
       N1 - OSPF NSSA external type 1, N2 - OSPF NSSA external type 2
```

```
       E1 - OSPF external type 1, E2 - OSPF external type 2, E - EGP
       i - IS-IS, L1 - IS-IS level-1, L2 - IS-IS level-2, ia - IS-IS inter area
       * - candidate default, U - per-user static route, o - ODR
       P - periodic downloaded static route

Gateway of last resort is not set
     10.0.0.0/24 is subnetted, 7 subnets
C      10.10.1.0 is directly connected, Vlan1
C      10.10.2.0 is directly connected, Vlan2
C      10.10.3.0 is directly connected, Vlan3
C      10.10.4.0 is directly connected, Vlan4
D      10.10.12.0 [90/27769856] via 10.10.99.1, 00:00:25, Vlan99
D      10.10.13.0 [90/27769856] via 10.10.99.1, 00:00:25, Vlan99
C      10.10.99.0 is directly connected, Vlan99
     172.16.0.0/24 is subnetted, 2 subnets
D      172.16.10.0 [90/27897856] via 10.10.99.1, 00:00:25, Vlan99
D      172.16.20.0 [90/27897856] via 10.10.99.1, 00:00:25, Vlan99

Router#show ip route                        //路由器 Router 的路由表
Codes: C - connected, S - static, I - IGRP, R - RIP, M - mobile, B - BGP
       D - EIGRP, EX - EIGRP external, O - OSPF, IA - OSPF inter area
       N1 - OSPF NSSA external type 1, N2 - OSPF NSSA external type 2
       E1 - OSPF external type 1, E2 - OSPF external type 2, E - EGP
       i - IS-IS, L1 - IS-IS level-1, L2 - IS-IS level-2, ia - IS-IS inter area
       * - candidate default, U - per-user static route, o - ODR
       P - periodic downloaded static route
Gateway of last resort is not set
     10.0.0.0/24 is subnetted, 7 subnets
D      10.10.1.0 [90/25628160] via 10.10.99.254, 00:01:50, FastEthernet1/0
D      10.10.2.0 [90/25628160] via 10.10.99.254, 00:01:50, FastEthernet1/0
D      10.10.3.0 [90/25628160] via 10.10.99.254, 00:01:50, FastEthernet1/0
C      10.10.4.0 is directly connected, FastEthernet0/0
C      10.10.12.0 is directly connected, Serial0/3/0.1
C      10.10.13.0 is directly connected, Serial0/3/0.2
C      10.10.99.0 is directly connected, FastEthernet1/0
     100.0.0.0/22 is subnetted, 1 subnets
C      100.100.0.0 is directly connected, FastEthernet0/1
     172.16.0.0/24 is subnetted, 2 subnets
D      172.16.10.0 [90/2297856] via 10.10.13.2, 00:05:21, Serial0/3/0.2
D      172.16.20.0 [90/2297856] via 10.10.12.2, 00:04:38, Serial0/3/0.1

RouterB#show ip route                       //路由器 RouterB 的路由表
Codes: C - connected, S - static, I - IGRP, R - RIP, M - mobile, B - BGP
       D - EIGRP, EX - EIGRP external, O - OSPF, IA - OSPF inter area
       N1 - OSPF NSSA external type 1, N2 - OSPF NSSA external type 2
       E1 - OSPF external type 1, E2 - OSPF external type 2, E - EGP
       i - IS-IS, L1 - IS-IS level-1, L2 - IS-IS level-2, ia - IS-IS inter area
       * - candidate default, U - per-user static route, o - ODR
       P - periodic downloaded static route
Gateway of last resort is not set
     10.0.0.0/24 is subnetted, 7 subnets
D      10.10.1.0 [90/46114560] via 10.10.12.1, 00:03:23, Serial0/3/0
D      10.10.2.0 [90/46114560] via 10.10.12.1, 00:03:23, Serial0/3/0
```

```
D       10.10.3.0 [90/46114560] via 10.10.12.1, 00:03:23, Serial0/3/0
D       10.10.4.0 [90/20514560] via 10.10.12.1, 00:14:45, Serial0/3/0
C       10.10.12.0 is directly connected, Serial0/3/0
D       10.10.13.0 [90/21024000] via 10.10.12.1, 00:14:45, Serial0/3/0
D       10.10.99.0 [90/20514560] via 10.10.12.1, 00:03:23, Serial0/3/0
     172.16.0.0/24 is subnetted, 2 subnets
D       172.16.10.0 [90/21152000] via 10.10.12.1, 00:06:54, Serial0/3/0
C       172.16.20.0 is directly connected, Loopback0

RouterA#show ip route                   //路由器 RouterA 的路由表
Codes: C - connected, S - static, I - IGRP, R - RIP, M - mobile, B - BGP
       D - EIGRP, EX - EIGRP external, O - OSPF, IA - OSPF inter area
       N1 - OSPF NSSA external type 1, N2 - OSPF NSSA external type 2
       E1 - OSPF external type 1, E2 - OSPF external type 2, E - EGP
       i - IS-IS, L1 - IS-IS level-1, L2 - IS-IS level-2, ia - IS-IS inter area
       * - candidate default, U - per-user static route, o - ODR
       P - periodic downloaded static route
Gateway of last resort is not set
     10.0.0.0/24 is subnetted, 7 subnets
D       10.10.1.0 [90/46114560] via 10.10.13.1, 00:04:55, Serial0/3/0
D       10.10.2.0 [90/46114560] via 10.10.13.1, 00:04:55, Serial0/3/0
D       10.10.3.0 [90/46114560] via 10.10.13.1, 00:04:55, Serial0/3/0
D       10.10.4.0 [90/20514560] via 10.10.13.1, 00:15:35, Serial0/3/0
D       10.10.12.0 [90/21024000] via 10.10.13.1, 00:15:35, Serial0/3/0
C       10.10.13.0 is directly connected, Serial0/3/0
D       10.10.99.0 [90/20514560] via 10.10.13.1, 00:04:55, Serial0/3/0
     172.16.0.0/24 is subnetted, 2 subnets
C       172.16.10.0 is directly connected, Loopback0
D       172.16.20.0 [90/21152000] via 10.10.13.1, 00:07:44, Serial0/3/0
```

6）在 VLAN 2、3 中的 PC 上测试访问 LAN Web Server：www.company.com。

首先配置 DNS 服务器，LAN Web Server 同时提供 DNS 服务，在其上添加两条 DNS 的资源记录（A 记录），如图 12-9 所示。

图 12-9　添加 DNS 资源记录

接着在 PCx1 上打开 Web 浏览器，访问网址 www.compan.com，显示如图 12-10 所示，则表示访问成功。

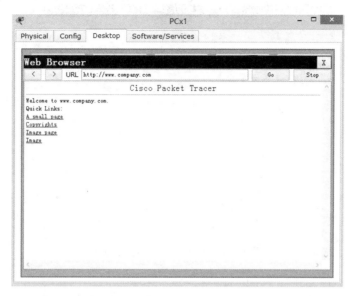

图 12-10　访问 www.company.com

（12）在边界路由器 Router 上配置 NAPT 服务。

1）设置 NAPT 服务。

```
Router (config)#interface fa0/1
Router (config-if)#ip nat outside
Router (config-if)#exit
Router (config)#interface fa1/0
Router (config-if)#ip nat inside
Router (config-if)#exit
Router (config)# ip access-list extended NAT
Router (config-ext-nacl)#permit ip 10.10.2.0 0.0.0.255 any
Router (config-ext-nacl)#permit ip 10.10.3.0 0.0.0.255 any
Router (config-ext-nacl)#exit
Router (config)# ip nat inside source list NAT interface fastEthernet 0/1 overload
Router (config)#ip route 0.0.0.0 0.0.0.0 100.100.2.2
Router (config-router)#exit
```

2）测试 VLAN 2、3 中的计算机与 Internet 上的 Web Server：www.net.com，如图 12-11 所示。访问成功后在路由器 Router 上查看 NAPT 的映射记录。

```
Router#show ip nat translations
Pro  Inside global      Inside local       Outside local      Outside global
tcp  100.100.2.1:1025   10.10.2.1:1025     100.100.2.2:80     100.100.2.2:80
```

（13）设置各网络设备的安全选项。配置特权密码、VTY 密码，并要求在 VTY 链路下只允许"PCx3"（IP：10.10.2.10）能够远程 Telnet 网络设备。

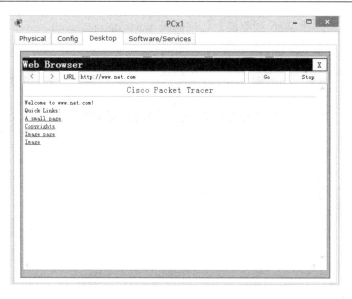

图 12-11　测试访问 www.net.com

```
Router(config)#enable password cisco
Router (config)#access-list 1 permit host 10.10.2.10
Router (config)#line vty 0 4
Router (config-line)#password cisco
Router (config-line)#access-list 1 in
Router (config-line)#exit
RouterB(config)#enable password cisco
RouterB (config)#access-list 1 permit host 10.10.2.10
RouterB (config)#line vty 0 4
RouterB (config-line)#password cisco
RouterB (config-line)#access-list 1 in
RouterB (config-line)#exit
RouterA(config)#enable password cisco
RouterA (config)#access-list 1 permit host 10.10.2.10
RouterA (config)#line vty 0 4
RouterA (config-line)#password cisco
RouterA (config-line)#access-list 1 in
RouterA (config-line)#exit
Switch(config)#enable password cisco
Switch (config)#access-list 1 permit host 10.10.2.10
Switch (config)#line vty 0 4
Switch (config-line)#password cisco
Switch (config-line)#access-list 1 in
Switch (config-line)#exit
SwitchA(config)#enable password cisco
SwitchA (config)#access-list 1 permit host 10.10.2.10
SwitchA (config)#line vty 0 4
SwitchA (config-line)#password cisco
SwitchA (config-line)#access-list 1 in
SwitchA (config-line)#exit
SwitchB(config)#enable password cisco
```

```
SwitchB (config)#access-list 1 permit host 10.10.2.10
SwitchB (config)#line vty 0 4
SwitchB (config-line)#password cisco
SwitchB (config-line)#access-list 1 in
SwitchB (config-line)#exit
SwitchB (config)#enable password cisco
SwitchB (config)#access-list 1 permit host 10.10.2.10
SwitchB (config)#line vty 0 4
SwitchB (config-line)#password cisco
SwitchB (config-line)#access-list 1 in
SwitchB (config-line)#exit
```

（14）限制 VLAN 2 和 VLAN 3 之间互相访问。

```
Switch (config)#ip routing
Switch (config)#ip access-list extended allow1
Switch (config-ext-nacl)#deny ip 10.10.2.0 0.0.0.255 10.10.3.0 0.0.0.255
Switch (config-ext-nacl)#permit ip 10.10.2.0 0.0.0.255 any
Switch (config-ext-nacl)#exit
Switch (config)#interface vlan 2
Switch (config-if)#ip access-group allow1 in
Switch (config-if)#exit
Switch (config)# ip access-list extended allow2
Switch (config-ext-nacl)#deny ip 10.10.3.0 0.0.0.255 10.10.2.0 0.0.0.255
Switch (config-ext-nacl)#permit ip 10.10.3.0 0.0.0.255 any
Switch (config-ext-nacl)#exit
Switch (config)#interface vlan 3
Switch (config-if)#ip access-group allow2 in
Switch (config-if)#exit
```

（15）配置 ACL 使得所有主机只能访问服务器 Web Server：www.company.com 的 80 端口。

```
Router(config)#ip access-list extended allow3
Router (config-ext-nacl)#permit tcp any host 10.10.4.1 eq 80
Router (config-ext-nacl)#exit
Router (config)#interface fa0/0
Router config-if)#ip access-group allow3 out
Router (config-if)#exit
```

> **注意**
>
> 因为只允许了 80 端口，因此 DNS 服务器提供的 DNS 解析服务也将被禁止，如果要访问该 Web 站点，可以通过其 IP 地址访问，即 http://10.10.4.1。

（16）设置 ACL 防止 Internet 上用户对内网进行 Ping 扫描。

```
Router (config)#ip access-list deny_echo
Router (config-ext-nacl)#deny icmp any any echo
Router (config-ext-nacl)#exit
Router (config)#interface fa0/1
Router (config-if)#ip access-group deny_echo in
Router (config-ext-nacl)#exit
```

总结分析

本案例完成了×××企业局域网的网络配置，使用的主要技术包括 VLAN、Trunk、VTP、Spanning Tree、DHCP、端口安全、ACL 等技术，实现了整个局域网内的互连及安全配置。此外采用 NAPT 技术实现了与 Internet 的互连。同时，利用帧中继技术实现了总公司与两个分公司的连接，整个企业网络的网络层通过 EIGRP 路由协议实现互连。

12.2 典型企业网络实训案例

1. 典型企业网络原型

企业典型网络，内网使用了汇聚层备份技术，提高网络可用性。为了充分利用设备，在汇聚层使用负载均衡。外网使用 MPLS 专线。

2. 实训目的

熟悉冗余网络环境，掌握 HSPP、端口聚合、MSTP，了解网络三层架构、NAT 以及典型的路由。

3. 实训主要内容

（1）参照典型企业网络拓扑图，如图 12-12 所示，配置设备管理地址。

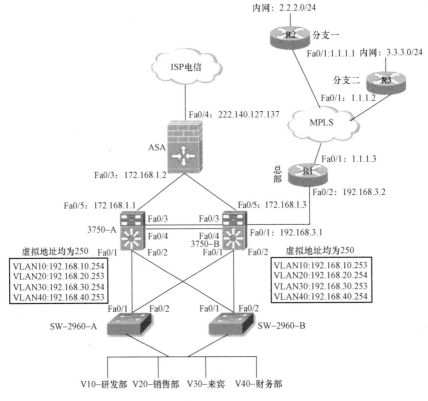

图 12-12 典型企业网络拓扑图

（2）所有设备 login 密码，enable 密码均为 cisco。

（3）为 ASA 配置内网 Telnet。

（4）参照实验拓扑图，划分相应 vlan，其中研发部 16 人，销售部 10 人财务部 8 人，其他为来宾用户。

（5）配置 HSRP，实现负载均衡。

（6）核心间启用 LACP。

（7）启用三层路由，实现子网互通。

（8）禁止来宾访问财务，研发部门。

（9）为来宾的用户配置 DHCP 服务。

（10）为来宾与销售部门提供上网服务。

（11）总部与分支机构间实现内网互通。

4. 主要实验设备

（1）网关设备：ASA5510 防火墙（一台）。

（2）汇聚设备：SW-3750 交换机（两台）。

（3）接入设备：SW-2960 交换机（两台）。

（4）路由设备：2811 路由器（三台）。

5. 实训步骤

（1）VLAN 地址规划。各部门的网络地址规划如表 12-2 所示。

表 12-2 各部门的网络地址规划

部　门	所属 VLAN	IP 地址分配
研发部	vlan10	192.168.10.0 / 24
销售部	vlan20	192.168.20.0 / 24
来宾	vlan30	192.168.30.0 / 24
财务部	vlan40	192.168.40.0 / 24

（2）配置 HSRP。在实验拓扑图中，由于有多条链路产生环路，所以我们在实验初始时一定要将某些端口堵塞（初始化时已将 3750-B 的 f0/1-4 四个端口堵塞，在配置完毕进行测试时才可以打开）。否则产生环路后，会发现设备的 CPU 利用率会达到 100%（使用命令 show cpu 查看）。

1）2960-A：作为接入层，只需做一些基本的 vlan 配置即可。

```
2960-A(config)#vlan 10                          //创建 vlan10、20、30 和 40
2960-A(config-vlan)#exit
2960-A(config)#vlan 20
2960-A(config-vlan)#exit
2960-A(config)#vlan 30
2960-A(config-vlan)#exit
2960-A(config)#vlan 40
2960-A(config-vlan)#exit
2960-A(config)#interface f0/1
2960-A(config-if)#switchport mode trunk         //配置 f0/1 为 trunk 口
2960-A(config-if)#exit
2960-A(config)#interface f0/2
2960-A(config-if)# switchport mode trunk        //配置 f0/2 为 trunk 口
```

```
2960-A(config-if)#exit
2960-A(config)#interface range fastEthernet 0/3-10    //进入 f0/3-10 接口
2960-A(config-if-range)#switchport access vlan 10     //将这些接口划入 vlan10
2960-A(config-if-range)#exit
2960-A(config)#interface range fastEthernet 0/11-15
                                                      //将接口 f0/11-15 划入 vlan20
2960-A(config-if-range)#switchport access vlan 20
2960-A(config-if-range)#exit
2960-A(config)#interface range fastEthernet 0/16-20
                                                      //将接口 f0/16-20 划入 vlan30
2960-A(config-if-range)#switchport access vlan 30
2960-A(config-if-range)#exit
2960-A(config)#interface range fastEthernet 0/21-24
                                                      //将接口 f0/21-24 划入 vlan40
2960-A(config-if-range)#switchport access vlan 40
2960-A(config-if-range)#exit
2960-A(config)#line vty 0 4                           //配置 telnet 登入
2960-A(config)#pass cisco
2960-A(config)#login
2960-A(config)#exit
2960-A(config)#enable pass cisco                      //配置 enable 密码
```

2）**2960-B**：作为接入层，只需做一些基本的 vlan 配置即可。

```
2960-B(config)#vlan 10                                //创建 vlan10、20、30 和 40
2960-B(config-vlan)#exit
2960-B(config)#vlan 20
2960-B(config-vlan)#exit
2960-B(config)#vlan 30
2960-B(config-vlan)#exit
2960-B(config)#vlan 40
2960-B(config-vlan)#exit
2960-B(config)#interface f0/1                         //配置 f0/1 和 f0/2 为 trunk 口
2960-B(config-if)#switchport mode trunk
2960-B(config-if)#exit
2960-B(config)#interface f0/2
2960-B(config-if)#switchport mode trunk
2960-B(config-if)#exit
2960-B(config)#interface range fastEthernet 0/3-10
                                                      //将接口 f0/3-10 划入 vlan10
2960-B(config-if-range)#switchport access vlan 10
2960-B(config-if-range)#exit
2960-B(config)#interface range fastEthernet 0/11-15
                                                      //将接口 f0/11-15 划入 vlan20
2960-B(config-if-range)#switchport access vlan 20
2960-B(config-if-range)#exit
2960-B(config)#interface range fastEthernet 0/16-20
                                                      //将接口 f0/16-20 划入 vlan30
2960-B(config-if-range)#switchport access vlan 30
2960-B(config-if-range)#exit
2960-B(config)#interface range fastEthernet 0/21-24
                                                      //将接口 f0/21-24 划入 vlan40
```

```
2960-B(config-if-range)#switchport access vlan 40
2960-B(config-if-range)#exit
2960-B(config-if-range)#exit
2960-B(config)#line vty 0 4                    //配置telnet登入
2960-B(config)#pass cisco
2960-B(config)#login
2960-B(config)#exit
2960-B(config)#enable pass cisco               //配置enable密码
```

3) 3750-A：需要做出 standby，vlan10、20、30、40 的虚拟 IP，以及上连的路由口配置和三层路由。

```
3750-A(config)#vlan 10                         //创建VLAN10、20、30和40
3750-A(config-vlan)#exit
3750-A(config)#vlan 20
3750-A(config-vlan)#exit
3750-A(config)#vlan 30
3750-A(config-vlan)#exit
3750-A(config)#vlan 40
3750-A(config-vlan)#exit
3750-A(config)#interface vlan 10
3750-A(config-if)#ip address 192.168.10.254 255.255.255.0
                                               //配置VLAN10的IP地址
3750-A(config-if)#standby 1 ip 192.168.10.250  //配置虚拟IP
3750-A(config-if)#standby 1 preempt            //设为抢占模式
3750-A(config-if)#standby 1 priority 254       //VLAN10的standby优先级设为254
3750-A(config-if)#exit
3750-A(config)#line vty 0 4                    //配置telnet登入
3750-A (config)#pass cisco
3750-A (config)#login
3750-A (config)#exit
3750-A (config)#enable pass cisco              //配置enable密码
```

> **注意**
>
> 虚拟 IP：每一个 standby 都有一个虚拟 IP 地址，在 35A 的 VLAN10 上有这个地址，在 35B 的 VLAN10 上也有这个 IP 地址，作为下连终端设备的网关。下连在 VLAN10 的终端设备，将网关设为这个地址。终端设备只要知道自己网关的 IP 地址即可，具体哪台设备上的网关生效，工作交给 standby 优先级来做。

抢占模式：在正常状况下，VLAN10 的数据由 35A 传输。当 35A 发生故障时，则由 35B 担负起传输任务。若不配置抢占模式，当 35A 恢复正常后，则仍由 35B 传输；配置抢占模式后，正常后的 35A 会再次夺取对 VLAN10 的控制权。

优先级：在同一个 VLAN 中，优先级较高的设备成为 master，较低的设备成为 backup，master 的虚拟网关生效。Standby 默认优先级为 100。

```
3750-A(config)#interface vlan 20    //VLAN20的standby不设优先级，默认为100
3750-A(config-if)#ip address 192.168.20.253 255.255.255.0
                                               //配置VLAN20的IP地址
3750-A(config-if)#standby 2 ip 192.168.20.250  //配置虚拟IP
```

```
3750-A(config-if)#standby 2 preempt              //设为抢占模式
3750-A(config-if)#exit
3750-A(config)#interface vlan 30
3750-A(config-if)#ip address 192.168.30.254 255.255.255.0
                                                 //配置VLAN30的IP地址
3750-A(config-if)#standby 3 ip 192.168.30.250    //配置虚拟IP
3750-A(config-if)#standby 3 preempt              //设为抢占模式
3750-A(config-if)#standby 3 priority 254   //VLAN30的standby优先级设为254
3750-A(config-if)#exit
3750-A(config)#interface vlan 40   //VLAN40的standby不设优先级,默认为100
3750-A(config-if)#ip address 192.168.40.253 255.255.255.0
                                                 //配置VLAN40的IP地址
3750-A(config-if)#standby 4 ip 192.168.40.250    //配置虚拟IP
3750-A(config-if)#stand 4 preempt                //设为抢占模式
3750-A(config-if)#exit
3750-A(config)#exit
3750-A(config-if)#int fa0/5
3750-A(config-if)#no switchport                  //将f0/5口设为路由口
3750-A(config-if)#ip address 172.16.1.1 255.255.255.0  //配置该路由口的IP地址
3750-A(config-if)#exit
3750-A(config)#ip route 0.0.0.0 0.0.0.0 172.168.1.2    //配置静态路由
3750-A(config)#ip route 1.1.1.0 0.0.0.255 192.168.3.2
3750-A(config)#ip route 3.3.3.0 0.0.0.255 192.168.3.2
3750-A(config)#ip route 2.2.2.0 0.0.0.255 192.168.3.2
3750-A(config)#ip routing                        //启用交换机三层转发功能
3750-A(config-router)#end
3750-A(config)#interface f0/1                    //配置F0/1-4为trunk口
3750-A(config-if)#switchport mode trunk
3750-A(config-if)#interface f0/2
3750-A(config-if)#switchport mode trunk
3750-A(config-if)#interface f0/3
3750-A(config-if)#switchport mode trunk
3750-A(config-if)#interface f0/4
3750-A(config-if)#switchport mode trunk
3750-A(config-if)#end
```

4) 3750-B：需要做出standby，vlan10、20、30、40的虚拟IP，以及上连的路由口配置和三层路由。

```
3750-B(config)#vlan 10                   //创建VLAN10、20、30和40
3750-B(config-vlan)#exit
3750-B(config)#vlan 20
3750-B(config-vlan)#exit
3750-B(config)#vlan 30
3750-B(config-vlan)#exit
3750-B(config)#vlan 40
3750-B(config-vlan)#exit
3750-B(config)#interface vlan 10   //VLAN10的standby不设优先级,默认为100
3750-B(config-if)#ip address 192.168.10.253 255.255.255.0
                                                 //配置VLAN10的IP地址
3750-B(config-if)#standby 1 ip 192.168.10.250    //配置虚拟IP
```

```
3750-B(config-if)#standby 1 preempt              //设为抢占模式
3750-B(config-if)#exit
3750-B(config)#interface vlan 20
3750-B(config-if)#ip address 192.168.20.254 255.255.255.0
                                                 //配置VLAN20的IP地址
3750-B(config-if)#standby 2 ip 192.168.20.250    //配置虚拟IP
3750-B(config-if)#standby 2 preempt              //设为抢占模式
3750-B(config-if)#standby 2 priority 254   //VLAN20的standby优先级设为254
3750-B(config-if)#exit
3750-B(config)#interface vlan 30   //VLAN30的standby不设优先级，默认为100
3750-B(config-if)#ip address 192.168.30.253 255.255.255.0
                                                 //配置VLAN30的IP地址
3750-B(config-if)#standby 3 ip 192.168.30.250    //配置虚拟IP
3750-B(config-if)#standby 3 preempt              //设为抢占模式
3750-B(config-if)#exit

3750-B(config)#interface vlan 40
3750-B(config-if)#ip address 192.168.40.254 255.255.255.0
                                                 //配置VLAN40的IP地址
3750-B(config-if)#standby 4 ip 192.168.40.250    //配置虚拟IP
3750-B(config-if)#standby 4 preempt              //设为抢占模式
3750-B(config-if)#standby 4 priority 254   //VLAN40的standby优先级设为254
3750-B(config-if)#exit
3750-B(config)#interface f0/5
3750-B(config-if)#no switchport                  //将f0/5口设为路由口
3750-B(config-if)#ip address 172.16.1.3 255.255.255.0  //配置该路由口的IP地址
3750-B(config-if)#exit
3750-B(config)#ip route 0.0.0.0 0.0.0.0 172.168.1.2  //配置静态路由

3750-A(config)#ip route 1.1.1.0 0.0.0.255 192.168.3.2
                                                 //在3750-A上配置静态路由
3750-A(config)#ip route 3.3.3.0 0.0.0.255 192.168.3.2
3750-A(config)#ip route 2.2.2.0 0.0.0.255 192.168.3.2

3750-B(config)#ip routing                        //启用交换机三层转发功能
3750-B(config)#interface f0/1                    //配置f0/1-4为trunk口
3750-B(config-if)#switchport mode trunk
3750-B(config-if)#interface f0/2
3750-B(config-if)#switchport mode trunk
3750-B(config-if)#interface f0/3
3750-B(config-if)#switchport mode trunk
3750-B(config-if)#interface f0/4
3750-B(config-if)#switchport mode trunk
3750-B(config-if)#end
3750-B(config)#line vty 0 4                      //配置telnet登入
3750-B (config)#pass cisco
3750-B (config)#login
3750-B (config)#exit
3750-B (config)#enable pass cisco                //配置enable密码
```

（3）配置 3750-A 与 3750-B 的端口聚合及 ACL 访问控制与 DHCP 服务器。理论上，35A 和 35B 的 f0/3 和 f0/4 端口不需要设置为 trunk 口，但是我们习惯上都设为 trunk（已在前面做好了配置）。

重点：一定要将 portchannel 的 switchport mode 配置为 trunk 模式，否则其默认为 access 模式。

1）3750-A 配置。

```
3750-A(config)#interface f0/3                    //进入 f0/3 口
3750-A(config-if)# channel-group 1 mode on       //将该端口加入端口聚合1组内
3750-A(config-if)#exit
3750-A(config)#interface f0/4
3750-A(config-if)# channel-group 1 mode on
3750-A(config-if)#end

3750-A(config)#interface portchannel 1           //进入聚合接口1
3750-A(config-if)#switchport mode trunk          //将聚合接口模式设为 trunk
3750-A(config-if)#exit
3750-A(config)# ip access-list extended v30
3750-A(config)# deny    ip any 192.168.10.0 0.0.0.255
3750-A(config)# deny    ip any 192.168.40.0 0.0.0.255
3750-A(config)# permit ip any any
3750-A(config)# int vlan30
3750-A(config)# ip access-group v30 in
3750-A(config)# ip dhcp pool v30                 //配置 DHCP 地址池
3750-A(config)# network 192.168.30.0 255.255.255.0 //DHCP 地址池范围
3750-A(config)# default-router 192.168.30.254    //默认网关
3750-A(config)# dns-server 61.177.7.1 8.8.8.8    //DNS
3750-A(config)# ip dhcp ex 192.168.30.254        //排除 DHCP 里的 254 地址
3750-A(config)# end
```

2）3750-B 配置。

```
3750-B(config)#interface f0/3
3750-B(config-if)#channel-group 1 mode on
3750-B(config-if)#exit
3750-B(config)#interface f0/4
3750-B(config-if)# channel-group 1 mode on
3750-B(config-if)#end
3750-B(config)#interface f0/3                    //打开 S35B 的 f0/3 和 f0/4 口
3750-B(config-if)#no shutdown
3750-B(config-if)#interface f0/4
3750-B(config-if)#no shutdown
3750-B(config-if)#exit
```

> 注意
> 3750-5B 上的 f0/5 口已经变成了路由口，不会形成环路，可以打开。

```
3750-B(config)#interface portchannel 1
3750-B(config-if)#switchport mode trunk          //将聚合接口模式设为 trunk
```

```
3750-B(config-if)#exit
3750-B(config)#ip access-list extended v30
3750-B(config)#deny   ip any 192.168.10.0 0.0.0.255
3750-B(config)#deny   ip any 192.168.40.0 0.0.0.255
3750-B(config)#permit ip any any
3750-B(config)#int vlan30
3750-B(config)#ip access-group v30 in
3750-B(config)#ip dhcp pool v30
3750-B(config)#network 192.168.30.0 255.255.255.0
3750-B(config)#default-router 192.168.30.254
3750-B(config)#dns-server 61.177.7.1 8.8.8.8
3750-B(config)#ip dhcp ex 192.168.30.254
3750-B(config)#end
```

（4）配置 MSTP。简单来说，MSTP 就是基于 VLAN 的 STP。配置步骤如下。

1）2960-A：开启生成树，状态设为 MSTP，配置实例和版本。

```
2960-A(config)#spanning-tree                        //开启生成树
2960-A(config)#spanning-tree mode mstp              //生成树类型为多生成树
2960-A(config)#spanning-tree mst configuration      //配置多生成树
2960-A(config-mst)#instance 1 VLAN 10,30            //将 vlan10、30 放入实例 1 中
```

注意

一个实例生成一个树，该树可以和其他实例生成的树的路径不一样，达到负载均衡的作用。

```
2960-A(config-mst)#revision 1                       //配置多生成树的版本号
2960-A(config-mst)#instance 2 vlan 20,40            //将 vlan20、40 放入实例 2 中
2960-A(config-mst)#revision 1
2960-A(config-mst)#exit
```

2）2960-B：开启生成树，状态设为 MSTP，配置实例和版本。

```
2960-B(config)#spanning-tree                        //开启生成树
2960-B(config)#spanning-tree mode mstp              //生成树类型为多生成树
2960-B(config)#spanning-tree mst configuration      //配置多生成树
2960-B(config-mst)#instance 1 vlan 10,30            //将 vlan10、30 放入实例 1
2960-B(config-mst)#revision 1                       //配置多生成树的版本号
2960-B(config-mst)#instance 2 vlan 20,40            //将 vlan20、40 放入实例 2
2960-B(config-mst)#revision 1
2960-B(config-mst)#exit
2960-B# show spanning-tree                          //查看生成树信息
2960-B#show spanning-tree mst configuration         //查看生成树的配置信息
```

3）3750-A：开启生成树，状态设为 MSTP，配置实例和版本，并配置实例的优先级。

```
3750-A(config)#spanning-tree                        //配置同 21A 和 21B
3750-A(config)#spanning-tree mode mstp
3750-A(config)#spanning-tree mst configuration
3750-A(config-mst)#instance 1 vlan 10,30
3750-A(config-mst)#revision 1
```

```
3750-A(config-mst)#instance 2 vlan 20,40
3750-A(config-mst)#revision 1
3750-A(config-mst)#exit
3750-A(config)#spanning-tree mst 1 priority 4096
//配置实例 1 在 3750-A 的优先级为 4096，优先级小的为根交换机，默认是三万多的优先级，这里是为了把 3750-A 设为 mst 1 的根交换机
3750-A(config)#spanning-tree mst 2 priority 8192
//配置实例 2 在 3750-A 的优先级为 8192
```

> **注意**
>
> 配置优先级比较高是为了使 3750-A 作为 mst 2 的根节点，一方面是因为它的性能比 2960-A 强，防止 2960-A 被选做根节点；更重要的是，如果默认优先级更高的为 3750-B，则 vlan10、30 也会通过 35B 传输，与我们所希望的产生冲突。

4）3750-B：开启生成树，状态设为 MSTP，配置实例和版本，并配置实例的优先级。

```
3750-B(config)#spanning-tree                              //配置同 2960-A 和 2960-B
3750-B(config)#spanning-tree mode mstp
3750-B(config)#spanning-tree mst configuration
3750-B(config-mst)#instance 1 vlan 10,30
3750-B(config-mst)#revision 1
3750-B(config-mst)#instance 2 vlan 20,40
3750-B(config-mst)#revision 1
3750-B(config-mst)#exit
3750-B(config)#spanning-tree mst 2 priority 4096
//配置实例 2 在 35B 的优先级为 4096
3750-B(config)#spanning-tree mst 1 priority 8192
//配置实例 1 在 35B 的优先级为 8192
3750-B(config)#interface range fastEthernet 0/1-2
//mstp 设置已完成，则可以打开初始时关闭的 f0/1 和 f0/2
3750-B(config-if-range)#no shutdown
```

（5）配置 ASA。ASA：作为网关设备，执行三层功能及 NAT 功能，配置上下行的接口 IP，以及返回路由。

```
ciscoasa#conf t
ciscoasa(config)# hostname ASA
ASA(config)# show running-config                //查看当前配置
ASA(config)# show startup-config                //查看保存配置
ASA(config)#copy run star                        //保存配置
ASA(config)#interface Redundant1                 //建立冗余口
ASA(config)# member-interface GigabitEthernet0/0  //gi0/0 加入冗余口内
ASA(config)# member-interface GigabitEthernet0/1
ASA(config)# nameif inside                       //命名接口类型 inside 为 LAN 接口
ASA(config)# security-level 100                  //安全级别为 100 最高级别
ASA(config)# ip address 172.168.1.2 255.255.255.0
ASA(config)#ena pass cisco                       //设置 enable 密码
ASA(config)#telnet 192.168.0.0 255.255.0.0 inside  //为内网设置 telnet 权限
ASA(config)#interface GigabitEthernet0/2         //配置 WAN 口
ASA(config)#nameif outside                       //命名为 WAN 口 默认级别为 0
```

```
ASA(config)#security-level 0
ASA(config)#ip address 222.140.137.137  255.255.255.0
ASA(config)#route inside 192.168.30.0 255.255.255.0 172.168.1.1  1
//设置路由消耗值
ASA(config)# route inside 192.168.30.0 255.255.255.0 172.168.1.3  100
//内部用户访问外网的返回路由
ASA(config)#route inside 192.168.20.0 255.255.255.0 172.168.1.1  100
ASA(config)#route inside 192.168.30.0 255.255.255.0 172.168.1.3  1
ASA(config)#route outside 0.0.0.0 0.0.0.0 222.140.137.138  1
                                                   //出外网的路由
ASA(config)# access-list  to-internet  extended  permit  ip  192.168.20.0
255.255.255.0 any                           //定制一条需要 NAT 的流量
ASA(config)#access-list  to-internet  extended  permit  ip  192.168.30.0
255.255.255.0 any
ASA(config)#global (outside) 1 interface   //为内网流量 PAT 转换
ASA(config)#nat (inside) 1 access-list to-internet
```

（6）配置路由器。

1）配置 R1 路由器。

```
R1 #conf t
R1(config)#int fa0/2
R1(config)#ip add 192.168.3.2 255.255.255.0
R1(config)#no shut
R1(config)#int fa0/1
R1(config)#ip add 1.1.1.3
//这里是 ISP 提供的二层接口专线，设备接口可以自己定义
R1(config)#no shut
R1(config)#router ospf 1
R1(config-router)#network 10.1.2.0 0.0.0.255 area 1
//在配置 network 时,使用 area 参数指出从属于哪一个区域.
R1(config-router)#network 1.1.1. 0.0.0.255 area 1
R1(config-router)#network 192.168.0.0 0.0.255.255 area 1
R1(config-router)#exit
R1(config)#ip route 192.168.30.0 0.0.0.255 192.168.3.1
R1(config)# ip route 192.168.40.0 0.0.0.255 192.168.3.1
R1(config)# ip route 192.168.20.0 0.0.0.255 192.168.3.1
R1(config)# ip route 192.168.10.0 0.0.0.255 192.168.3.1
R1(config)#enable pas cisco
R1(config)#line vty 0 4
R1(config)#pass cisco
R1(config)#Login
R1(config)#end
```

2）配置 R2 路由器。

```
R2 #conf t
R2(config)#int fa0/1
R2(config)#1.1.1.1 255.255.255.0
R2(config)#no shut
R2(config)#router ospf 1
R2(config-router)#network 2.2.2.0 0.0.0.255 area 1
```

```
R2(config-router)#network 1.1.1.1.0 0.0.255.255 area 1
R2(config-router)#exit
R2(config)#enable pas cisco
R2(config)#line vty 0 4
R2(config)#pass cisco
R2(config)#Login
R2(config)#end
```

3）配置 R3 路由器。

```
R3 #conf t
R3(config)#int fa0/1
R3(config)#ip add 1.1.1.2 255.255.255.0
R3(config)#no shut
R3(config)#router ospf 1
R3(config-router)#network 3.3.3.0 0.0.0.255 area 1
R3(config-router)#network 1.1.1. 0.0.0.255 area 1
R3(config-router)#exit
R3(config)#enable pas cisco
R3(config)#line vty 0 4
R3(config)#pass cisco
R3(config)#Login
R3(config)#end
```

参 考 文 献

[1] 刘晓辉，张运凯，李福亮. 网络设备互联. 北京：清华大学出版社，2010.

[2] 张宇辉. 交换机与路由器配置实训. 广州：华南理工大学出版社，2012.

[3] 冯昊，黄治虎，伍技祥. 交换机/路由器的配置与管理. 北京：清华大学出版社，2005.

[4] 石硕. 交换机/路由器及其配置. 2版. 北京：电子工业出版社，2007.

[5] 梁广民. 思科网络实验室路由、交换实验指南. 北京：电子工业出版社，2007.

[6] 陆魁军. 网络实践指南：基于CISCO路由器和交换机. 北京：清华大学出版社，2007.

[7] 贺平，沈岳，汪双顶. 路由、交换和无线项目实验指导书. 北京：电子工业出版社，2007.

[8] 张世勇. 交换机与路由器配置实验教程. 北京：机械工业出版社，2012.

[9] 殷玉明. 交换机与路由器配置项目式教程. 北京：电子工业出版社，2010.

[10] 杨恒广，贾晓飞. 交换机/路由器的管理与配置. 北京：清华大学出版社，2012.